A SKEPTIC'S
GUIDE TO
THE MIND

神经科学讲什么

我们究竟该如何理解心智、意识和语言

[美] 罗伯特·伯顿（Robert A. Burton）◎著
黄珏苹　郑悠然◎译

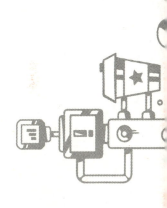

浙江人民出版社
ZHEJIANG PEOPLE'S PUBLISHING HOUSE

A Skeptic's
Guide to the
Mind 赞誉

本书将晦涩的科学与哲学思考及推测进行了很好的平衡，可读性强。伯顿的目的不是批评神经科学界的同行，而是强调研究心智的第一步是谦卑地承认人类探索的局限性。

《出版人周刊》（*Publishers Weekly*）

作者一针见血地帮助我们认清了那些乍看起来很有前景，但最终会被揭穿的主张。根据传统智慧来看，人类在动物界具有特殊的地位，因为我们具有独一无二的大脑。本书展示了有违这一传统智慧的研究和案例。它促使哲学家、心理学家和神经科学家停下来进行思考。

《马林独立报》（*Marin Independent Journal*）

强烈推荐！这是部值得关注的作品。

《科学美国人》（Scientific American）

这是一部相当有头脑的作品，它挑战了我们的成见。书中呈现了吸引人的科学实验结果，它们更多的是提出问题，而不是回答问题。

科学医学网（Science-Based Medicine）

如果你认为神经科学地图像罗夏墨迹测验一样，没有谁对谁错的硬性标准，那么你就会喜欢这本书。伯顿对最新大脑研究成果的探索像炸弹一样摧毁了其确定性。研究表明，脑成像本身便是促使人们信服神经科学新主张的有力因素，因为大脑精美的形状和其雅致的颜色非常吸引人。我们已经看到了大脑激活的模式，但伯顿一再请求我们不要相信它。

《麦克林杂志》（Maclean's）

智能、意识和语言就像波涛汹涌的水域，本书便是对这片水域的探索。

《新科学人》（New Scientist）

伯顿追溯了神经科学研究的历史，将读者的注意力引向未来的发现……怀疑者和狂热者都应该读一读。

美国《图书馆杂志》（Library Journal）

罗伯特·伯顿在《神经科学讲什么》中对有关大脑的误解进行了深入思考。伯顿借助丰富的神经科学案例研究、电影及文学作品中的格言、具有说服力的个人故事以及挑战思维的实验，对于我们对自己的大脑知道什么，甚至能够知道什么，提出了大量科学与哲学上的质疑。

丹尼尔·西蒙斯（Daniel Simons）
畅销书《看不见的大猩猩》合著者

在理解自我方面，没有比批驳神经科学领域更大的挑战了。如果我们想从神经科学的发现中获益，就必须学会以正确的方式思考它们，但目前我们还没有这样做。迄今为止，神经科学一直被科学家们过分吹嘘，被记者们不断炒作。我们必须有所改善。在《神经科学讲什么》中，罗伯特·伯顿很好地解释了现代神经科学告诉了我们什么，没有告诉我们什么，以及它可能无法告诉我们什么。

巴里·施瓦茨（Barry Schwartz）
《选择的悖论》和《实用智慧》（Practical Wisdom）作者

伯顿质疑了他所在的神经科学领域的基本假设，他在书中展示了认知科学的基础，读者从中可获得非常宝贵的洞见。

维诺德·柯斯拉（Vinod Khosla）
美国太阳公司（Sun Microsystems）联合创始人

这部引人入胜的作品点明了现代神经科学的优势与局限性。它确实独树一帜。其语言融合了学术写作、病例和叙事文的风格，伯顿带领读者看到了人与同一性、自我与社会、健康与疾病间的交汇，最尖锐的是，科学家与其社会责任间的交汇。

朱迪·埃勒斯（Judy Illes）
不列颠哥伦比亚大学神经伦理学首席科学家
《牛津神经伦理道德手册》（Oxford Handbook of Neuroethics）作者

流行媒体中充斥着泛滥成灾的神经科学发现，尤其是那些暗示神经科学是一切"真理"的仲裁者的发现：从我们为什么喜欢某种颜色到某人是否在做伪证。伯顿刺穿这片混乱，敏锐地揭示了关于我们自己，目前神经科学能够告诉我们什么。这本书是来自神经科学界一流专家的顶级贡献。

大卫·迪萨尔沃（David Disalvo）
《疯狂行为学：来自猩猩的你，为什么总会失去理智》作者

这本书是我所看到的将科学与生活结合得最好的作品之一。

玛格丽特·赫弗南（Margaret Heffernan）
《盲目心理学》（Willful Blindness）作者

最好的神经科学玩闹书！这本书提醒我们目前人类仅理解了自己大脑的10%。

尼克·汉弗莱（Nick Humphrey）
伦敦政治经济学院心理学荣休教授
《灵魂之尘：意识的魔法》（Soul Dust:The Magic of Consciousness）作者

A Skeptic's
Guide to the
Mind 前言

书是人类仅存的少数避难所之一，在其中，我们的思维能够得到激发，同时它又具有私密性。

爱德华·摩根[1]
Edward P. Morgan

我们动用自己的大脑研究人类的大脑，这科学吗

每个人都知道心智是什么。我们很难用语言描述清楚，但我们确信它的存在，它是位于前额后面看不见的"某物"，负责着我们的思维。除此之外，原来对它的所有认识都有待商榷。有人说它只不过是大脑的软件或者大脑行为的产物。有些人认为心智广大无边或者是无形的，能够超越身体的死亡而继续存在下去。对大多数人来说，心智既可作为衡量人的标准，也是我们衡量外界的工具。反过来，这种评判的价值取决于我们所认为的心智的工作方式，即我们的思想和行

---

[1] 本书注释及参考文献电子版可通过扫描前言后的二维码获得。——编者注

为在多大程度上受到生物本能和无意识大脑活动的支配，又有多少思想和行为处于我们有意识的控制之中。

从个人和全球层面上来看，对这个问题的解答都意义非凡。从动机的归因、个人责任的分配，到评估核战争的威胁，我们被不断要求解读自己和他人的内心。然而，我们并不知道心智到底是什么。尽管人类经过了 2 500 年的思考，并且近来基础神经科学也有了惊人的发展，但大脑的所作所为与心智体验之间的差距依然是一片未知领域。尽管许多科学家相信，随着科学的发展这个差距终将完全消失，但他们错了。

为了确立心智可能是什么的事实基础，我们所能采用的唯一方法便是科学。但是一个人该怎么恰当地研究他无法测量的事物呢？理解大脑的工作方式对描述大脑的生物功能很有帮助，但我们仍不得不猜测有意识体验的内容。观察最细致的大脑扫描图像也无法了解我们所感受到的爱或失望。这就好比无论你怎样查看查克·克洛斯（Chuck Close）画作中的单个像素，你也无法对这幅画产生全面的认识。（为了强调我们对心智的了解有多么微乎其微，我们只需要意识到，一些杰出的哲学家仍在严肃地争论心智是否对我们的行为发挥着作用。）

然而，在功能性磁共振成像等强大新工具的帮助下，神经科学事实上已经成了解释行为的方法，它讯速填补了心理学和哲学理论留下的空白。如今神经科学被视为心智的卓越模型、文化神话的缔造者与守护者。它已经获得了终极地位，成了许多名词的组成部分。一系列新兴学科诞生了，如神经经济学、神经美学、神经宗教学、神经创新、神经语言学、神经营销、神经人际网络等。哲学家常常引用神经科学的案例研究，作为他们的理论支撑。人们甚至用功能性磁共振成像来解释股市崩溃，而神经科学家则告诉我们，为什么我们更喜欢可口可乐，而不是百事可乐。

这类发展对学术界和普通大众颇具诱惑力。曾经私底下被神经科学家视为形而上学的思考，如今越来越被当作有科学基础的事实。科学界就像获得新玩具的孩子，他们不可能小心谨慎地对待这些观点[2]。

这个过程还在继续。科学的"圣杯"（以及许多有关心智的哲学）在试图解释大脑如何产生了心智。但是由于在研究开始之前缺乏坚实的假设条件，以及人们关于心智是什么达不成一致意见，因此科学家们常常会得到没有证据支持的或矛盾的行为观察数据。现在已经很难找到一份不报道神经科学趣闻的报纸或杂志了。每天我所看到的人类行为最复杂的方面，被简化成了难以理解的新闻采访原声摘要。例如，报纸和杂志上出现了一些可疑的假设，以及逻辑上的前后矛盾，在此不得不提到我最喜欢的通俗科学杂志上的一篇文章，其标题为"在大脑中找到了产生自由意志的可能区域"[3]，还有一家报纸上的文章标题为"坏行为源自基因，而非糟糕的教养"[4]。虽然有些神经科学的观点确实是一种进步，但有些则过分夸大且未经证实，它们具有自利性，甚至是荒谬可笑的。

如果这仅仅出于学术上的担忧，那我就不必费劲写这本书了。令我担忧的是，我们并不清楚自己对心智的了解程度，以及人们普遍相信科学具有无限的力量，这两者结合起来很有可能会导致灾难。那些上了年纪的人应该还能回忆起来，当精神分析被鼓吹为自然科学时，以及当精神分裂症被归因于有个专横霸道的妈妈时的情形。在不知道记忆的工作原理的情况下，构想出治疗记忆综合征方法的心理学家曾造成了多么大的伤害。再想一想诺贝尔生理学或医学奖得主安东尼奥·莫尼斯（António Egas Moniz）提出应进行额叶切除术，仅因为手术后的病人更容易管理。当时看似合理的观点破坏了多少家庭？事后看来这些做法和观点显然是非常荒唐的。

然而，就像被火焰吸引的飞蛾，或者像忘记了历史教训的健忘症患者，脑科学家在重复这些错误。虽然我们可以轻易地将他们毫无根据的主张，归因于自负、贪婪、愚昧或其他心理学"借口"，但这本书会探讨更基本的假设：我们的大脑具有无意识的机制，它不可能产生毫无偏见的想法。然而我们却有这样的错觉，即以为我们是理性的生物，能够充分理解由相同机制产生的心智。

我们的大脑经过了逐步的进化，而矛盾、不一致和悖论已经成了大脑认知的固有组成部分。我们生来便能够感受自己，感受自己的想法和行为，即使这些感受不一定是正确的。我们拥有压抑不住的好奇心，渴望理解世界的运转方式。无论事物规律是否存在于我们的知觉范围内，我们还是发展出了不可思议的能力，使我们能够洞察它们。将这些特点与内在的认知限制结合在一起，这便是现代神经科学的背景。

对我来说，任何科学探索的第一步都应该是，坦白地承认人类思维的局限性，然而近年来，强调人类天生具有不理性一面的书籍和文章并没有制止一种极端的主张，这种主张的基础是看似不可动摇的对纯粹理性的信念。对神经科学家、哲学家以及其他所有人来说，发自肺腑地觉得自己是正确的，远比认为我们在理性能力上具有局限性更有说服力。

前言

像安东尼奥·达马西奥①这样杰出的神经科学家都充满信心地宣称：人类即将能够对意识做出解释[5]。哲学家丹尼尔·丹尼特（Daniel Dennett）曾说："我完全有理由期待大脑能够理解自身发挥功能的方法。大脑确实非常复杂，拥有 1 000 亿个神经元和 1 000 万亿个突触连接，但那并不意味着我们无法探知大脑中在发生什么。"[6]其他人，比如已故诺贝尔奖获得者弗朗西斯·克里克（Francis Crick）则相信大脑和心智是一回事，我们可以运用心智做出决定。随着神经科学领域变得越来越受欢迎、越来越有竞争力，这类伟大的预言会不断升级。（2009 年，1 000 多名毕业生获得了神经科学博士学位，其他相关专业，比如心理学专业则颁发了更多的博士学位，而心理学领域的博士本来已经达到了数万人。）

我们正处在自我理解的历史转折点上。无论是用功能性磁共振成像作为意识的证据，还是宣称我们能够用脑电波解读心智并测出谎言，或者是认为某个基因导致了特定的行为，神经科学都在重新定义人类的本质。科学是尝试与犯错，从坏科学中筛选出好科学需要时间。但是，在如今节奏越来越快的社会环境中，信息被作为智慧传递着，对大众认可的需求超越了谨慎与证实。草率的科学观点逐渐成为标准，这往往会造成可笑的结果，有时会直接导致悲剧。我们非常需要思考大脑与心智关系的长期方法，这样后续的研究或观察便不会认为心智是过时的事物。如果 2 500 年的思考都没有让我们达成有关心智的一致观点，那么是时候思考其他可能性了。

---

① 达马西奥（Antonio Damasio）作为世界公认的神经科学研究领域的领袖，其著作《笛卡尔的错误》等"达马西奥 4 部曲"即将由湛庐文化策划、浙江人民出版社出版。——编者注

神经科学的"知"与"不知"

为了准确地理解本书的议题，想象你急切地想要开始一个研究项目，但没有必不可少的工具，即最先进的显微镜。你打算从卖高科技设备的朋友那里借一台。你不知道这台显微镜之前的主人是谁，显微镜目前的状况如何，是否能够相信朋友所说的"性能良好"。就像任何即将开始研究的一流科学家一样，你首先检查显微镜的镜头，确保上面没有污渍、瑕疵或可能造成视错觉或图像扭曲的镜头故障。毕竟，研究的准确性总会受制于工具的质量。

当我们提及科学工具时，通常会想到机器或研究方法。科学家有责任确保设备没有缺陷，方法论无可指摘，结果明显且可以被复制。但是这种看待科学的方式忽视了科学研究的基本局限性：构想出问题并设法解答问题的正是我们的头脑。如果头脑自主产生了我们的调查研究，那么像寻找显微镜镜头上的瑕疵一样去查看这个工具的潜在局限性，不是同样很合理吗？

我写作本书最重要的一个目标是，挑战遍布大脑研究领域的一些基本假设，这些领域包括处于核心地位的神经科学、实验认知科学以及心智哲学提出的更理论化的论点。尽管实验认知科学和更基础的神经科学经常被视作两个独立的学科，针对不同层面进行研究（临床与基础科学），但我愿意把它们混在一起，相互交叉来探究心智。为了简便起见，我会把整个领域称为神经科学。本书将会借鉴一些科学研究方法，

也会引用个人的假想实验与经历、临床病例，甚至引用文学资料。阅读本书的最好方式是把它作为深夜的沉思。我并不承诺本书能够解答有关心智的古老问题，我的目标是挑战驱动这些问题的基础假设。最后，这本书质疑了与心智有关的问题的本质，对于这些我们似乎不得不提出的问题，科学界还无法解答。

我并不是想说，这些观点一定是对心智问题最好的、唯一的诠释或解决办法。鉴于我认为任何推理都无法避免偏见和不理性，因此我的逻辑和对其他人作品的领悟可能同样存在缺陷。幸运的是，并非每个观点都必须无懈可击。只要我的某些观点听起来是正确的，那便足够了。我的目标不是提供一站式的答案，而是要强调潜在的陷阱和死胡同，让人们越发意识到研究心智所固有的困难。认识到主要研究工具的镜头上存在着怎样的固有污渍，便能提醒我们把这些扭曲作为因素考虑进去。如果一种工具无法被用于某种观察，那就这样吧。冒着过分玩世不恭的风险，我不得不说，如果我有可信的理由相信自己不能飞，那么把纸翅膀还给出售它们的科学家会比打开窗户跳向错误的结论更好。

尽管这本书会对现代神经科学提出一些批评，但它并不想要谴责这个领域或谴责某个科学家。我由衷地赞美神经科学和神经科学家在改善我们的日常生活和促进自我理解上发挥的核心作用。研究物质世界的唯一方法便是科学方法。基础科学和认知科学的证据支持着我的许多论点。

时至今日，大众和学术界对某些技术，比如功能性磁共振成像存在着许多批评。功能性磁共振成像能够侦测出活跃的脑区中血流的增加。它能够提供在完成某项任务（无论是思考还是采取行动）时，大脑激活程度的改变情况。但是功能性磁共振成像不能直接测量神经元的活动。

我的主要目的依然不是探究未来终将被克服的方法上的困难[7]。我的目的在于指出未来技术进步所无法超越的本质局限。为此，我会把探讨的重点集中在神经科学的局限性以及它能够恰当地得出什么结论上。同样，我并不反对推测，毕竟这本书虽然利用了科学证据，但它纯粹是推测性的。最后，便是贯穿本书的主题：如果科学方法被恰当地运用，它便能够产生很多有用的信息；但是如果用这些数据来解释心智，那所得到的就只是个人观点，而非科学事实。

人类对大脑功能的研究建立在科学算法的基础上，而一旦算法有误，必会动摇神经科学研究的根基。扫码关注"湛庐教育"，回复"神经科学讲什么"了解15年来可能有误的大脑研究成果，还可获得本书注释及参考文献。

A Skeptic's
Guide to the
Mind 目录

赞誉	I
前言　我们动用自己的大脑研究人类的大脑，这科学吗	V

第一部分

大脑如何产生思维

即使是最不懂科学的人也知道心理状态，无论它多么像源于心理，其实最终都来自大脑。我们所感受到的一切都是由没有思想的大脑细胞及其突触产生的。

01 探索心智的奥秘　　　　　　　　　　002

第二部分 撬开神经科学的工具箱

意识究竟从何而来？人的智力和神经网络有什么关系？心智又是怎样工作的？是什么让人类与其他生物的思维有所不同？不妨从人类认知与自我演化的角度来看看，神经科学能告诉我们些什么。

02 能动性、意志与意图　　　　　　　　022

03 因果关系　　　　　　　　　　　　　034

04 直觉推理　　　　　　　　　　　　　041

05 逻辑推理　　　　　　　　　　　　　054

06 元认知　　　　　　　　　　　　　　065

07 个体心智与群体思维　　　　　　　　077

目录

第三部分 挑战神经科学的重大发现

神经科学家们不能通过丈量或称重的方式来对心智进行测量，只能通过科学数据和经过个人知觉过滤的故事对心智进行解读。那如果他们用来获取科学数据的算法有误，或者其个人知觉因时而异呢？我们又如何能确定科学家们依此得出的结论是对的？

08 镜像神经元是洞悉心智的圣杯吗	102
09 神经科学能预测未来吗	119
10 神经科学能证实意识的存在吗	135
11 神经科学能解剖我们的思维吗	150
12 神经科学能解释善恶之源吗	166
13 不会讲故事的科学家不是好的神经科学家	190
致谢	201
译者后记	203

你不是一个人在读书!
扫码进入湛庐"心理、认知与大脑"读者群,
与小伙伴"同读共进"!

第一部分
大脑如何产生思维

> 真令人难以置信,你对自己一生都在玩的游戏根本就不了解。
>
> ‖布兰奇·里基[1]
> Branch Rickey

01
探索心智的奥秘

所有复杂的生物系统,包括你我的身体,都会运用感觉反馈来监控环境。人类通过感官,比如眼睛和耳朵来感知外部世界;通过内部产生的感觉,比如饥饿和口渴来了解身体。由于人的大部分想法是在无意识的情况下产生的,因此我们似乎也应该进化出一个能够告诉有意识思维,在无意识中正发生着什么认知活动的感官系统。即使人类拥有心智,但如果没有感知这种活动的方法,那么我们就很难想象有意识思维具有什么作用。

如果我们是汽车,那么心智就是液晶显示屏,它告诉我们引擎盖下面正发生着什么事情。但我们是难以捉摸的生物,而不是机器,人体用来监控潜意识大脑活动的系统远比汽车的动力系统复杂得多。我们的监控系统并非满是闪光灯的大脑仪表盘,而是经过进化产生的许多认知感受。为简单起见,我用"认知感受"来指代那些通常不会被归为情感或情绪的心智现象,我们常常把它们与思维联系起来,其中包括各种各样的心理状态,比如知道感(Feeling of Knowing)、因果关系、能动作用和意图。

为了使这些感受变得有意义,它们必须与认知活动存在某种关系。就像口渴的感觉必须触发喝水的愿望一样,对潜意识中计算的感知必须感觉起来像计算。在这里便出现了麻烦,我们很容易接受饥饿和口渴的感觉来自身体,但我们不自觉地产生的无意识思想感觉起来往往像是经过了有意识思维的深思熟虑。

举一个视觉方面的例子。想象你在观看一场橄榄球赛。你的注意力都集中在比赛上,没有注意到周围观众的面孔。当你把目光转向记分牌时,你的视觉系统无意识地发现了人群中的一张脸,它看起来很像你的老朋友山姆。你的视觉皮层将输入的面孔图像与之前储存的对山姆面孔的记忆进行比较,计算出这个人就是山姆的可能性。如果可能性足够大,大脑就把面孔图像,连同认出来的感觉传递给意识。你觉得好像自己对面孔进行了有意识的评估,并确定那就是山姆。基于认识感的强度,你还会感觉到这次识别是否正确以及有多正确,比如从"可能"或"可能是,但换句话说……",到"非常确定"。

尽管一个面孔的视觉输入一开始并没有给人留下任何有意识的印象,但它已经触发了两种独立的无意识大脑活动：一种是纯机械性的，没有任何情感基调，即将山姆的脸与之前在记忆中储存的其他人的脸进行比较；另一种是纯主观感觉，即认识感。两者作为一个整体抵达意识：对山姆面孔的视觉感知，同时觉得那确实是山姆。虽然这个过程是在无意识中发生的，但我们觉得它是有意识识别的结果。**在较高的层面上，这类较低层面的大脑活动感觉起来像是有意做出的行为。**

由于我们知道大脑非常善于进行潜意识的模式识别，因此我们比较容易承认这种识别并非有意识的，即使它感觉起来那么像是有意识的行为。有许多观点认为，心理感觉与有意识思维的关系非常密切，以至于认为不在我们有意识控制之下的观点显得那么不可信。

在我的前一本书《人类思维中最致命的错误》中，我介绍了无意识的心理感觉的概念，即人类自发产生的、有关我们思想的感觉，我们觉得它们属于有意识思维。尽管我们觉得它们是经过深思熟虑的结果，代表了理性的结论，但它们的深思熟虑程度并不比爱或愤怒等情感更高。我探讨的重点是知道感、确定感和确信感。它们是我们对想法的性质的感觉，从模糊的直觉到完全确信，再到发自心底的"恍然大悟"。

现在我认识到，知道感只是庞大的心理感觉系统的一小部分，知道感包括自我感、选择感、对思想与行为的控制感、正义与公平感，甚至包括我们确定因果关系的方式。总的来说，这些无意识的感觉构成了很多有意的体验。另外，它们深刻地影响着我们如何构建心智的概念。

非常重要的一点是，我们要意识到思维的认知方面，即计算，不附加任何情感的色彩。我们对这些计算的完整体验，包含伴随计算进入意识的

01 探索心智的奥秘

独立的情感。例如,我们根本没办法客观地确定某个想法的来源,尽管这与个人经验相违背。当我突然冒出一个想法或一个想法跳进了我的脑袋里时,我倾向于认为它来自潜意识。反过来,如果我觉得自己在直接思考着一个想法,我可能会把它归为有意识的深思熟虑的结果。有意识想法与无意识想法的区别只不过在于,我们对无意识的心理感觉的体验。

心智工具箱

区分思考(静默的心智计算)和对思考的感觉是探索心智可能是什么的核心。我们只是通过感受来了解心智,而无法把它钉在标本板上,对它进行称重或测量,对它戳一戳、捅一捅,看它是否柔软。认识到我们对心智的感觉来自怎样杂乱且常常难以描述的、各种无意识感觉的相互作用,是我们理解心智将如何解释它自己的第一步。

我们的大脑与"自我"

在高速公路上,一辆车突然插到你的车前面,你被气坏了,狂按喇叭,对那位司机竖起中指,继续做出这类不礼貌的行为注定很快会导致你的教养丧尽。你的配偶像以前无数次那样,提醒你学会自我控制。"当然,亲爱的。"你不太热心地附和着。你的大脑一会儿想着实施进一步的报复,一会儿痛苦地承认自己的行为像个两岁的孩子。

你很快编造出一堆貌似合理的解释:今天压力很大、昨天晚上没睡好、几周前才开始服用新的抗高血压药物、个人退休账户里的钱在减少。然后,你又想到了自己长期存在的控制问题、始终未得到解决的童年期被忽视的问题,你为此越来越担忧。另一方面,你爸爸的脾气一触即发,很容易无缘无故地指责人或发火。或许你是遗传了某种与愤怒紧密相关的 DNA。除非有进行自我检查的直接工具，否则你无法知道自己失控的真正原因。你的脑子里盘旋着无数种可能性，好像每一个自我意识的概念都是被信以为真的谎言，是绝望情绪不太可靠的橡胶拐杖。

但是，你不得不从某个地方开始。目前来看，改变你的基因是毫无可能的，但或许你可以解决财务上的担忧。回到家你仔细查看了你的退休金投资组合。你最好的朋友，一位金融专家，信誓旦旦地向你解释为什么股市正处于难得的低价，坚持让你"买入，买入，再买入"。他的论点很有说服力，你启动在线股票软件，把手指放在购买按钮上，但是好像受到了看不见的某种力量的控制，你彻底改变了主意，卖掉了所有股票。你对自己的行为感到迷惑，就好像你无法控制自己了。

那天晚上，你翻看大众心理学杂志，看到功能性磁共振成像研究显示，在你意识到自己做出移动手腕的决策之前，控制手部运动的脑区便已经被激活了。脑电图研究证实了这个发现。这不可能，你想道。你试着做了一个简单的实验。你想着移动手腕，但并不做出移动它的最终决定，你的手安静地放在你的腿上，等待着指令。然后你有意识地决定摇动手指。毫不奇怪的是，你的手指根据指令摇动起来。

但是如果功能性磁共振成像和脑电图研究是正确的，那么有意识摇动手指的行为无异于潜意识为了安慰你，而强加给你的错觉，其实它有自己的工作流程。只是在事后你的潜意识才让你知道它做了什么决定并付诸了行动。你低头看着你的手，就好像它有自己的思维。你疑惑究竟是谁做的决定。"我是谁？"你问自己，同时疑惑谁在提出这个问题，期待谁来回答它。

为了试探性地提出心智是什么以及它在做什么的可能答案，我们首先需要了解心智的"占位符"——自我。不同于肝脏或脾脏，心智并非一个不带个人色彩的器官。它是自我必不可少的一部分，是使我们成为个体，而非物体的要素。它是我们生命的核心,是我们思想与行为的主要控制面板。当我们谈论心智时,通常指的是自我的核心功能——创造想法和行为。进化不是一位语言学家。在实践层面上,心智与自我是不可分割的。很难想象没有心智的自我能够正常发挥功能,反之亦然。心智和自我都是构成"我"的必要组件。当一名阿尔茨海默病患者失去心智时,人们一定会说他也失去了"自我"。尽管我们很容易设计出有关大脑的假想实验,但我们无法凭空思考心智。心智需要物质载体,需要具有思想并实施行为的某物或某人。幸运的是,我们天生具有一套装置作为心智的家,即人体。

"我"在哪儿

在所有无意识的心理感觉中,最普遍但同时非常个人化的感觉或许是关于"我"存在于身体中的什么地方的感觉。许多人强烈地感到我们生存的核心就位于前额后面几厘米的地方,位于眼睛的上方。如果我们能拿掉头盖骨的顶部,将大脑分解到亚原子水平,那么我们不会看到小矮人,不会看到小小的"我"在掌舵、在照看商店、在控制着我们的有意识行为,甚至在无所事事地空想。我们生存的核心无处可寻。

从纯粹的知识水平上看,即使是最不懂科学的人也知道心理状态,无论它多么像源于心理,其实最终都来自大脑。我们所感受到的一切都是由没有思想的大脑细胞及其突触产生的。然而我们无法动摇与之相反的感觉,那就是存在一个个人化的"我",它与这些心理状态是分离的。在写这段话时,我有一种不可否认的感觉,那就是存在一个独特的"我",它在写着、读着这些句子。而这个"我"位于一个更大的部件中,即我的身体中,我至少在某种程度上对我的身体负责。

缺乏始终如一的自我意识不堪想象。我们将无法采取复杂的行为,无法思考过去"曾经发生了什么",无法预测未来或制订计划[2]。是的,如果我们能够偶尔拨动开关，将我们从永无尽头的自我卷入和内在对话的重负中解脱出来也是极好的，但这不是自我意识的运作方式。它像饥饿和口渴的感觉一样，是不由自主的。

现在让我们暂时不去思考自我的个人方面，也就是你告诉自己和其他人的、关于你的生活的叙述。我想聚焦于更基础的身体意识，它们共同构成了自我的"根基"。你把个人记忆、故事和经历挂在这个"根基"上，因为正是自我的身体意识为心智体验搭建了"庇护所"。我们不会觉得我们的心智在几个街区以外的俱乐部里，一边慢慢喝着饮料，一边思考着有关宇宙的问题。对大多数人来说，心智大多数时候位于我们对自我的个人感知中。

心智体验的空间性质来自潜意识的大脑机制。我们对心智范围的思考不会受到生物学上的限制。从概念上看，心智可以是我们想象出来的任何事物。对于更全面地理解心智是什么来说，将我们对心智的体验与我们对心智所持的理论观点进行区别至关重要。为了奠定基础，我们首先需要知道，我们对心智范围的感受如何影响着我们对心智的探究。

神经科学研究的一个基本原则是，将复杂的心理状态分解成更可控的部分。其中一种方法是研究大脑受损的病人，损伤恰好只影响了大脑的一部分。这种方法为研究感觉系统的工作原理提供了良好的实用模型。例如，这种方法揭示了，视觉系统是由一些专门化的神经回路（模块）组成的，每个回路加工视觉的一个方面，比如线条、边缘、色彩或动态。这些回路又共同创造了视觉图像。我们将运用同样的方法来分解各种心理感觉，它们一起共同创造了自我意识。

首先，让我们来看一看对三个病人的描述，了解异常的大脑电活动如何显著改变了我们的自我意识。在阅读这些病例时，注意自我的身体意识如何有别于你所感觉到的、第一人称观察点的优势地位。

01 探索心智的奥秘

病人 1

这是一位 21 岁的男性,有 6 年癫痫发作史且发作没有得到很好的控制。睡醒时他会产生特别的困惑感。他已经从床上起来了,但当他转过身时会看到自己仍躺在床上。他会对那个"我知道是我自己的家伙"感到很气愤,因为"他不愿起床,这有可能造成上班迟到"。他冲着睡在床上的身体大喊大叫,试图把他叫醒,然后摇动那个身体,不断在床上那个"改变了的自我"身上蹦跳。那个身体没有反应。双重存在令他非常困惑,病人开始害怕自己会分不清哪一个才是真正的自己。有几次他的身体意识从站着的那个身体转移到了躺在床上的那个身体上。处于躺在床上的模式中时,他觉得自己很清醒,但完全不能动,并且对弯下身打他的那个自我感到害怕。他走向卧室的窗户,回头看到自己的身体仍躺在床上。"为了摆脱这种令人无法忍受的分裂感",他从三楼的窗户跳了出去。

幸运的是,病人 1 落在了灌木丛中,只是有些划伤和挫伤。神经学家评估显示,这个人左侧颞叶上缓慢生长的肿瘤造成了他癫痫反复发作。肿瘤后来被成功地摘除了[3]。

小说中有很多关于分身人的有趣故事。在埃德加·爱伦·坡(Edgar Allan Poe)的《威廉·威尔逊》(William Wilson)中,小说的主人公用剑刺向他的复制体,试图杀死他自己。在奥斯卡·王尔德的《道林·格雷的画像》(The Picture of Dorian Gray)中,书中的英雄因为害怕被另一个自我缠着不放而自杀了。在读到这样的故事时,我们通常不太相信其真实性,认为这是一种隐喻,而非对现实的描述。尽管上述病例听起来依然像是虚构出来的,但它确实是对一种罕见的神经病学现象的真实描写。这种现象叫自体幻视

（autoscopy），它伴随着某些类型的突发性大脑活动（例如癫痫症和偏头疼）。这种短暂的分裂感和自我意识的不稳定为探究自我是如何产生的，提供了很好的出发点。

病人 2

这是一位 55 岁的男性，从 14 岁开始便患有癫痫，他反复感到受到陌生身体的攻击。在毫无预兆的情况下，他会感到一个陌生人侵入了自己身体的左侧，这使得他的左半边脑袋、左侧躯干、左胳膊和左腿不再属于他。在发生这种情况时，他觉得自己只存在于右侧身体中，但他还能进行正常的活动，包括演讲。

病人 3

这是一位 30 岁的男性，有 20 年癫痫病史，癫痫发作时的特点是腿、胸部和脖子有强烈的麻木感。在发病时，他会失去对下巴以下身体部位的感知，因此他觉得脑袋和身体其他部位脱节了。同时他感到自己就像一个身体的观察者，是观察的主体[4]。

在第一个病例中，病人 1 感觉到了并且知道自己正站在床边，但依然不可动摇地认为，那个躺在床上的虚幻身体是自己的。许多认知科学家认为，这种拥有感是自我意识的核心。看一看你的手，你毫不怀疑这只手是你的，而且这种确定感不需要任何有意识的思考。这种拥有感纯粹是一种感觉，和你现在手里拿着这本书时对它重量的感觉没有什么不同。视觉和本体感受信息让我们知道了身体各个器官的位置，触觉信息告诉我们身体在与什么发生接触。信息被转化为相应的身体图式，也就是身体以及身体与外部世界关系的表征地图。

想象一下，如果我们不得不区分自身与周围环境，或者更糟糕，不得不区分谁是"我"以及谁是"别人"，那么我们会始终非常困惑。比如你看到一只手在迅速靠近你的脸，但你不能立即知道这只是你在无意识地挠痒痒还是有人在袭击你。谢天谢地，进化赋予了我们天生立即识别出我们的身体和身体各个部位的方法。自我的身体意识不仅使我们能够在真实世界中游走，还使我们能够穿行于想象的世界中，这包括其他可能的过去，比如"要是……，那么当初就会……"，还包括对未来情景的想象。在这个最基本的关于"我"的范围的地图上，我们把非物质的自我，即想法和记忆挂了上去[5]。

拥有感依赖于无意识的机制，它告诉我们目前的身体形象非常接近之前记忆中的身体形象[6]。病人2让我们吃惊地看到在癫痫发作时，人对自己身体器官的拥有感会如何被暂时关闭。失去一侧身体的拥有感通常发生在大脑右侧顶叶受损的病人身上。大脑右侧顶叶被认为有助于产生我们的身体图式。病人普遍的反映是，感觉受到影响的那侧身体不再是他们自己的了。他们常常认为那侧身体屈从于某种外力。我还记得五旬节会中的一位老年执事A女士，她大脑的右侧顶叶发生了中风。在那之后，她便说她的左侧身体属于魔鬼。她不断用右手抓着瘫痪的左臂，试图把它扔下床。任何解释都无法让她相信那条手臂是她自己的。

注意：尽管右侧顶叶受损通常会导致人们否认身体的某些部位，但额叶的运动前区也与自我的感觉有关，其中包括辨认自己的身体部位。然而，研讨这种现象的目的并不是验证神经解剖学的解释[7]，而是指出这类心理状态具有非自主的神经基础，因为这种现象背后的神经解剖学解释很可能被未来的研究所改写。[8]

病人 1 和病人 3 的另一共同特点是："我"存在于哪里的意识发生了改变。病人 1 觉得自我在两个身体之间来回转换。病人 3 描述了双重视野感，其中，病人 3 既是观察者，又是观察对象。这类大脑"短路"造成的"我"的感觉与身体的感觉相分离，进一步说明了"我"的感觉来自大脑。

感觉到"我"的位置与身体实际位置相分离，是灵魂出窍体验的典型描述。瑞士神经病学家奥拉夫·布兰科（Olaf Blanke）及其同事已经证明，癫痫发作、大脑刺激及某些作用于精神的化学物质能够直接引发灵魂出窍体验[9]。病人常常说他们飘浮或盘旋在自己身体的上方，或许在看着手术过程，甚至在看着自己死去。尽管对这种现象存在无数奇幻的解释，但灵魂出窍的体验只不过是生理差错造成的幻觉[10]。

神经科学的"知"与"不知"

对这类错误知觉的研究让我们深刻地认识到，自我意识会如何被轻易地操纵。或许最著名的错觉就是橡胶手错觉了。在橡胶手错觉实验中，实验者让一名被试坐在桌子前，将一只手放在桌子下面，这样他便看不到那只手了。之后，在被试面前的桌子上放一只橡胶制的假手。实验者让被试把注意力集中在橡胶手上。当实验者用刷子同时在藏着的手和橡胶手上来回刷时，视觉信息（看到橡胶手被刷）胜过了被试对隐藏的手的本体感受。在一两分钟内，被试就会把橡胶手当成自己的手[11]。

---

01 探索心智的奥秘

最近,类似的研究扩展到了人类全身,即人会产生身体互换错觉。通过改变被试看到自己的视角,拥有感会被转移到人体模特上,甚至被转移到另一个人身上。创造这种错觉的方法是,以不同于用我们的眼睛直接看到自己身体的方式,来形成被试对自我身体的视觉图像。为此被试要戴上一个头戴式显示器,那是一种经过改造的虚拟现实头盔,它与后面的摄像机相连。从摄像机的视角看到自己会引发一种灵魂出窍的体验。被试描述说,在实验中自己的意识中心位于身体之外。

在知道了改变感觉输入能够操纵人对自我位置的感觉后,两位瑞典神经科学家设计了一些非常巧妙的实验[12]。在一项研究中,他们让被试感到自己的身体属于站在他们旁边的人体模特。尽管他们能够清楚地看到人体模特不是自己,但被试不可动摇地感觉到他们的自我意识位于人体模特中。当一把刀扎向人体模特时,我们能够看到自我意识被改变的程度:被试的汗液分泌增加,皮肤电导反应增强,还会感到焦虑。改变他们的感觉输入会让被试在情感上认同错觉[13]。

证据非常有说服力:自我意识的基本方面——它对身体范围和对意识中心在什么地方的感知,都是由感官知觉构建出来的。这很难不让我们将它与虚拟替身进行比较,两者都是纯粹的构建体,但它们却产生了真实的身份认同感。就像人的数字替身能够被改变身高、体重或尺寸一样,自我感知的范围也可以被改变。我们来思考以下教猴子使用工具的实验。

神经科学的"知"与"不知"

20世纪90年代,日本认知神经科学家入来笃史(Atsushi Iriki)运用微电极记录设备确定了,猴子大脑顶叶中对视觉和触觉输入做出反应的神经元的位置[14]。当一个物体被放在猴子旁边时,这些神经元就会放电,好像是在宣布在猴子可以触及的地方存在着一个物体。后来猴子被教会了使用耙子,它所能触及的范围扩大了。很快当猴子看到在耙子触及范围内有一个物体时,这些神经元也会放电。耙子已经被纳入了猴子身体图式的表征,成了它的手臂和爪子的延伸[15]。

身体表象投射发生变化的速度快得惊人。野生猕猴很少使用工具,但经过几周的训练后,它们便能熟练地使用工具了。训练一周后,功能性磁共振成像显示,猕猴相关脑区的灰质增多了,其神经元放电率也增加了[16]。尽管我们还不清楚如何从结构的角度准确地解释猕猴大脑体积增加的现象,但可能的解释是,其相关脑区中形成了新的血管或者产生了新的脑细胞[17]。

无论对此解剖学的解释是什么,很清楚的一点是,通过使用工具,这些猴子的大脑很容易被重塑。同样的原理似乎也适用于人类。2009 年,功能性磁共振成像显示,当研究者让被试使用新工具时,被试大脑中类似的脑区会被激活[18]。尽管我通常对用进化来解释所有的生理适应性表示怀疑,但很难否认的是,进化让我们具有了某种天生的身体灵活性,使得我们能够灵巧地使用工具。但是这种身体表征投射的变异可能会延伸到工具之外。

73 岁的 B 女士右脑遭受了大面积中风,导致左臂瘫痪。她的认知完好无损,没有出现混乱和困惑的迹象,但失去了对左臂的意识和拥有感。她反复说那只手臂属于其他人。令人奇怪的是,这种拥有感的缺乏也包括她戴在左手上的婚戒。尽管她能够清楚地看到并描述那枚戒指,但还是否认它属于自己。当把她的戒指换到右手上并让她看时,她会立即认出那是自己的戒指。为了查看这种拥有感的丧失是否会延伸到其他通常与她的左手无关的物体上,研究者将一把梳子和一串钥匙放在她瘫痪的左手里。她立即认出那是"我的梳子""我的钥匙环"。拥有感的缺失有着严格的限制，只限于那些曾经一直与她的左手联系在一起的物体，比如她的结婚戒指。在B女士中风前，结婚戒指似乎被她纳入了扩展的视觉身体图式中[19]。

评论家们指出，网上冲浪、电子游戏、在线虚拟环境、Twitter、Facebook和其他无数的技术创新正在改变我们的大脑回路。教猴子使用工具的实验经常被用来证明这些改变是如何发生的，因此扩展大脑的理念已经变得司空见惯了。然而即使我们意识到环境对大脑具有深远的影响，大多数人依然觉得我们的心智至少有一部分不会受到外界因素的影响。我们很难克服一种基本的感觉，那就是心智体现在自我的界限内。这是心智体验与心智概念之间的本质区别。

最近我听到一位杰出的哲学家兼逻辑学家，加州大学伯克利分校的约翰·瑟尔（John Searle）教授这样说道："从表面上来看，扩展的心智这种说法似乎是错误的……在哲学上，如果你得到一个不切实际的结果，那么它通常是错误的……如果某人对心智的描述有违你自己的感受，那么你就会知道他说错了。"[20] 瑟尔非常清楚地知道所有的感受都是主观知觉，所有的知觉都会经过无法察觉的偏见与倾向的过滤。个人感受不应该作为某个观点的唯一度量。然而，瑟尔无法放下他的感受，他认为在他的身体中（自我的身体意识）存在着独特的心智（拥有感），它有意识地得出了这个合理的结论（能动感）。这种无意识心理感觉的组合限制了他考虑心智可能是什么的其他可能性。这个例子生动地提醒我们，是生物学而不是理性引导了哲学结论。

针对将自我意识与心智混为一谈将会如何影响我们对思维的体验这一

问题，B 女士的案例提供了鲁布·戈德堡式①的洞见。（为了方便讨论，我将心智与自我意识分开了，不过显然它们存在很大程度的重叠，而且两者似乎都无法独立存在。）一段时间后，B 女士对身体部位（她的手）的拥有感开始包括身体的附属物（她的戒指）。由于心智是自我的重要组成部分，而且持续一生，因此自我的拥有感同样有可能扩展到它的内容，即心智上。反过来，由于想法是心智的核心组成部分，因此这种拥有感有可能从心智中溢出，蔓延到它的内容，即我们的想法上。我们每个人都拥有自己的心智和自己的想法。

在探究心理感觉在创建自我的结构上所具有的作用时，我们应该试着理解你怎么知道某个想法是你的。拥有你自己的想法的感觉是有意识的决定还是无意识的心理感觉，这对如何确定心智在做什么至关重要。

个人城堡周围的"护城河"

在结束探讨自我的身体范围之前，我们应该先快速地看一种与之不同但密切相关的现象——个人空间感。对于应该与其他人保持多大的距离，每个人都有自己的偏好。如果靠得太近，你就侵犯了我的空间。如果自我的身体意识是大脑版的全球定位系统（GPS）（根据与周围环境的关系，告诉你汽车所在的位置），那么个人空间感就相当于汽车的传感器（传感器告诉你什么时候你距另一辆汽车太近了，或者你快撞到电线杆了）。

大脑障碍会显著改变个人空间感[21]。受到最广泛研究的病例是 S.M. 女

---

① 鲁布·戈德堡式：指通过一连串复杂的连动机构，或是利用关系触发去完成一件简单的事情。如今，"鲁布·戈德堡"已成为"简单事情复杂化"的代名词。——译者注

士。她现今四十五六岁，患有罕见的遗传病。这种病会对她大脑杏仁核的两侧造成彻底的损害[22]。S.M. 女士出了名地无所畏惧，而且超级友好，容易"侵犯"别人的个人空间[23]。在对她的个人空间感进行的一系列研究中，她承认与实验者保持怎样的距离都不会感到不适。有一次，她走向实验者，差点鼻子碰鼻子。实验者对这种距离感到很不舒服，但 S.M. 女士没有这种感觉[24]。

另一种遗传病也会出现类似的情况，患者缺乏对个人空间的需求。这种遗传病叫作威廉斯氏综合征。尽管威廉斯氏综合征患者存在一些发育问题和学习障碍，但他们特别友好，喜欢社交，通常不害怕陌生人[25]。像 S.M. 女士一样，他们认为自己需要个人空间。正如照顾他们的人所证明的那样，他们常常快贴到别人的脸上了。

S.M. 女士和患有威廉斯氏综合征的孩子体现了基本的大脑机制在决定"缓冲区"大小上的作用。我们在自我的身体意识周围无意识地设定了"缓冲区"。我并不是说这种感觉只受人体生物因素的影响，种族和文化也会对此产生很大影响。中东和南欧的人感到舒服的人际空间比北欧人的要小[26]。无论某种感受仅仅源自内在的生物因素、社会文化的影响，或者源于先天和后天的共同作用，其最终结果都会表现为心理感觉。

个人空间感很有可能是独立的大脑机制的产物，而不是物质自我的感觉，这可以成为一个重要的警告。尽管这一章以及接下来的章节会探讨各种各样塑造我们自我意识的认知感觉，但这个清单无论如何都会有遗漏。我猜想认知科学家或者读者您都有可能提出其他一些潜在的候选者。另外，人们对各种各样感觉的体验和描述也不尽相同。例如，最近我问一群精神分析师，他们认为自我的核心位于什么地方。大多数人选择了头部，而一位资深临床医生摩挲着自己的上腹部。我问她为什么选择腹部，她苦笑着说："我就是那样感觉的。"这种讨论并不是某些感觉一成不变的纲要，它只不过是用来理解物质自我为何是无意识感觉的投射的一种方法。

另一个需要简略思考一下的问题是，如果物质自我纯粹是感觉的投射，那么称之为幻觉是不是恰当？一方面，自我的身体意识显然是一种幻觉，因为这种感觉根本没有实体作为基础。另一方面，应该避免以轻蔑的态度来思考幻觉。不知怎么的，人们认为幻觉一定不"真实"。而即使我们把自我意识称为一种幻觉，它依然像疼痛、痛苦或爱一样真实。（稍后我们会来解决"真实的"相对于"想象的"或"心理的"问题。在医学报告中我们常常会看到这种错误的二分法。）尽管我对使用"幻觉"这个词举棋不定，但依然出于几个实际的原因而决定用它。首先，理解幻觉的性质至关重要。当看到一根直的玻璃棒浸入烧杯的水中后发生弯折时，我可以适当地改变我对所见情况的看法。其次，对物质自我具有虚幻性质的思考有可能带来富有建设性的治疗选择，这些选择会改变我们对物质自我的体验方式。

举例来说，将自我的身体意识看成一种幻觉，这为某些令人困惑的心理疾病提供了启发性的视角。几年前我在探索频道观看了一部令人惊恐、令人难以置信的纪录片，片子描绘了一些希望把功能正常的胳膊或腿截掉的病人。对这种疾病最早的记录出现在 1977 年，人们给它起了各种各样的名称，有的叫截肢癖，有的叫躯体完整性认同障碍。一般认为，这种疾病的根源在于某种深层的心理作用。毕竟，想要把健全的胳膊或腿砍掉的人肯定是疯了。但是许多这类病人的病例没有显示出其背后的病因可能是什么。通常他们没有相关的心理症状，也没有精神病史。一位患者说，他第一次对截肢着迷时只有四五岁。他回忆在 7 岁时自己站在公共汽车旁边，心里默默地对自己说："如果我把腿伸到公共汽车的车轮下面，它会从我腿上轧过去，我的腿一定会被碾掉。"[27]

01 探索心智的奥秘

神经科学的"知"与"不知"
A Skeptic's Guide to the Mind

2009 年，行为神经科学家拉马钱德兰（V.S. Ramachandran）和他的同事对 4 位患者进行了研究。运用脑磁图描记术，他们发现当触碰患者想要截掉的胳膊或腿时，他们大脑右侧顶上小叶的电活动相对于正常的控制组明显减少[28]。活动减弱的脑区与 A 女士受影响的脑区相同，我们在前文介绍过，A 女士认为她的胳膊是魔鬼，一心想把它从床上扔出去。

拉马钱德兰猜想病人的大脑右侧顶上小叶中可能出现了神经功能障碍，这个区域协调着视觉、感觉和运动输入，从而产生动态的身体表象。虽然我们知道这个回路存在缺陷，但并不知道导致缺陷的原因。不过这为不正常的自我身体意识如何引发心理疾病提供了另一种观点。它还提高了发现新的治疗干预方法的可能性。

采用与橡胶手错觉实验相同的基本原理，拉马钱德兰设计了镜箱错觉实验，有效地减少了截肢者的幻肢不适感[29]。原理非常简单：用功能正常的胳膊或腿的影像来替代缺失部分的影像，以这种方法来欺骗大脑。如果一条胳膊被截肢了，那么患者就调整镜子的位置，使他在看失去的胳膊时，只会看到功能正常的胳膊。各种技术，比如轻度锻炼或轻轻地触摸手都会放大这种视觉输入。功能性磁共振成像研究发现，大脑在重新组织缺失的胳膊的表象。重组的程度越高，幻肢痛的缓解程度也越高[30]。

虚拟环境也能够产生相同的效果。在虚拟环境中，通过设置计算机模拟出来的手的位置，被试会觉得那只手是他自己的手。通过把拥有感转移到假肢上，截肢时间不长的人会更容易适应假肢。事实上，病人的大脑重新编写了程序，把假肢接受为他自己的身体部位[31]。改变身体表象的另一个例子是利用透镜（倒置的双目镜）让一只手看起来比正常的手更小。患有慢性手痛的病人看到患病的手比较小时，他们的疼痛感会大大减轻。更有趣的是，运动引起的肿胀也会显著减轻。与之相反，如果用双目镜放大其患病的手，患者感受到的疼痛程度和肿胀程度都会显著增加[32]。

有意识地改变身体表征投射，对各种以身体表象缺陷为特征的疾病都具有深远的意义，这些疾病包括神经性厌食症和躯体变形障碍。躯体变形障碍会导致过度整形（想一想迈克尔·杰克逊或琼·里弗斯的例子）[33]。这类例证至少强调了改变身体表象与我们如何看待自己之间存在着密切关系。

Mind
局限与突破

> 总之，对身体表象清晰一致的感觉就是意识中心的所在地，我们对世界第一手的看法汇聚成了自我的框架。我们甚至可以运用"城堡"和"护城河"的比喻，把个人空间感比喻为护城河，而城堡就是个人王国的所在地。无论你怎样描述这些感觉，纯粹的感觉似乎必然是自我的身体意识唯一必要而充分的前提，所有人的知觉，包括神经科学家和哲学家的知觉都悬挂在这种自我意识上，并由此产生了关于心智的观点。

第二部分
撬开神经科学的工具箱

> 戏剧是自己生成的,不过我承认是我写出来的——有意识、有目的地指挥着它的成长。
>
> **哈罗德·品特**
> Harold Pinter
> 《不同的声音》(*Various Voices*)

02

能动性、意志与意图

在一个暴风雨的夜晚,你在狭窄的两车道马路上驾驶。你刚拐过一个弯,一棵树突然倒在你所在的车道上。你不假思索地拐向另一条车道,虽然避开了树,但撞上了迎面而来的一辆崭新的宝马。幸运的是,没有人受伤。你向对方司机道歉,然后表示你不是一个糟糕的司机,这起事故是不可避免的。"这完全是反射行为,我没有时间思考。"你一门心思想着这次撞车会让你的保费增加,心不在焉地伸手打开储物箱,拿出你的驾照和保险单据,把它们交给对方司机。

在这个情境中,你在两种行为上分配的有意识、有目的程度非常不同,

02 能动性、意志与意图

这取决于你对这些行为的感受。尽管两种行为你都是无意识地做出的，但你把失去对汽车的控制归为反射行为，而认为应该对把相关文件交给对方司机负全部责任。我们如何看待自己，如何决定什么代表"我"，而不仅仅是生物学意义的"我"，都与我们如何理解各种心理状态密切相关，比如对努力、意志、意图，甚至"现在我在做什么"的感觉。

"自我"与"行动"的翻译官

观察你的狗或一位朋友追逐你刚刚扔出去的飞盘。两者都不会跑向飞盘目前所在的地方，他们都会无意识地根据自己奔跑的方向和飞盘飞行的路线计算出最佳的拦截位置。老鹰在半空抓住麻雀或者狮子向它的猎物瞪羚飞驰也是同样的道理。成功的抓捕行动依赖于不断更新的潜意识计算，这种计算把一切都考虑进去了，包括风速、空气的质量、脚下土地的坚实程度。为了进行计算，大脑必须将"自我"投射到情境中，而且这个"自我"能够在外部世界中行进。为了想象"你"以各种速度向各个方向奔跑，然后计算出你接住飞盘的最佳路线，大脑必须拥有表征"自我"和外部世界的地图，以及运动行为的模板。

纽约大学神经科学家鲁道夫·利纳斯（Rodolfo Llinás）甚至提出，计划并预测运动行为是人类拥有智力的主要原因[1]。尽管这种说法听起来过于简单化，但他的观点值得思考。所有的行为都是在执行某种运动计划。最抽象的思考是对过去行为或未来行为的沉思。如果不去想你将来做什么，便不可能思考任何问题，从投票到冥想都不行。思考是大脑的运动行为。

利纳斯指出，只有能够到处走动的有机体才有大脑。一棵树不需要中枢神经系统，因为它哪儿也不会去。但是四处觅食的动物需要看到自己正往什么地方去，还需要预测，甚至设想将来自己在哪里。利纳斯用海鞘来佐证自己的理论。这种海洋生物在年幼时能够四处活动，拥有初级的类似大脑的神经元集合（大约 300 个神经元）。当它在洋底找到了宜居的地方并扎下根后，它便停留在那里不走了。由于没有了四处游走的需要，它显然不再需要大脑了，它会把大脑吃掉。

我们这些没有强大的胃的人类真是幸运，我们比海鞘的进化程度高，即使在站立不动时，我们的头脑也总在不停地运转。当这个"自我"开始活动和奔跑时，它需要有目标，需要有对心智活动和运动活动的控制感来驱动它。如果没有明显的控制感和有目的的行为，所有的行为都是反射，头脑便不需要做出有意识的决定了。[2]

欢迎你与我一起探讨能动感，能动感意味着我们感觉到自己是那个引发或产生行为的人。为了进行必要的区分，我们就顺便看一看你在周五晚上玩扑克的情景。你右侧的那个乡巴佬已经下注，轮到你了，你应该加注、跟注还是弃牌呢？你看了看自己手里的牌，思考应该放弃一些筹码还是应该认输。你的手指在筹码上方盘旋，你非常清楚那是你的手指（拥有感）。你主动地、有意识地伸向筹码（能动感）。你还意识到可以用这些筹码加注或跟注。当你拿起额外的筹码加注时，你觉得自己有意识地在各种选择中做出了决定（选择感）。

神经科学的"知"与"不知"

从大脑所产生的知觉角度来看，虚拟的"自我"觉得它对另一个人的行为做出了聪明的评估，然后有意识地做决策并采取了审慎的行动。然而，这些感受，包括自我意识、能动感、拥有感和选择感都是无意识的心理感觉系统的组成部分。它们共同创造了"自我在发挥作用"的感觉。

现在请抬起你的胳膊。如果你密切关注它，便会感觉到是你的胳膊在抬起来。你会"觉得"

你想要抬起胳膊,并且正在有意识地把它抬起来。同时很有可能的是,你没有注意到这个动作的任何细节。但是如果你的胳膊被其他人抬起来,比如医生对你进行常规检查,你会感觉到他抓住你的胳膊,被动地举过头顶,还会感觉到关节处的笨拙。你依然会感觉到拥有感——被抬起的胳膊是你的,但你对这个动作没有控制感。这时,便没有能动感。与之类似,当友善的神经科医生用反射锤敲击你的膝盖时,你注意到了膝跳反射的细节,但对这个动作感觉很陌生,换句话说,它不是你做出的动作。

能动作用预测器

追溯到19世纪60年代,内科医生兼物理学家赫尔曼·亥姆霍兹(Hermann von Helmholtz)便注意到有些行为,比如在凝视图像时眼睛的来回转动会导致知觉问题。视网膜上的信号无法分辨眼睛移动造成的图像运动与外部世界中物体的真实运动。你眼睛所看到的图像不足以确定飞盘是在高速飞行,还是一动不动地悬停在你的眼前,只是你快速扫视的眼睛造成了飞盘运动的错觉。你需要知道以前飞盘的飞行路线是什么样的,还要知道你正在和朋友玩飞盘,这样你才能毫不含糊地"看到"飞盘在飞。造成这种视觉感知的是大脑,不是眼睛。大脑利用视觉输入和之前的知识计算出飞盘真的在运动的可能性。(类似的视觉模糊性还包括,你分不清是你自己乘坐的火车开动了,还是旁边那列火车开动了。)

亥姆霍兹为现代神经生理学及理解神经网络和反馈回路做了铺垫,他提出正确的知觉应建立在预测的基础上。近年来，神经生理学家证实了预测的作用，神经网络不仅能够引导知觉，而且能够协调运动行为。初级运动皮层的激活与"上游"脑区（更高级的大脑皮层）发挥预测作用之间的时间关系或许是"中枢预测器"最有说服力的证据[3]。研究一再显示，"上游的"预测要比运动冲动离开大脑并激活我们的肌肉提前很多[4]。大脑会计算为了在半空中拦截飞盘我们应该往哪儿跑，然后把相应的信息传递给肌肉。这是一个不断进行的过程，"中枢预测器"不断监控我们的方向和速度，对我们的路线进行微调。最佳的生理学解释是，激活肌肉纤维的意愿也激活了一个独立的反馈回路，这个反馈回路通知"中枢预测器"将要发生什么样的肌肉动作。总之，一方面我们根据肌肉、韧带和关节的感觉输入来感知我们的运动行为，另一方面通过独立的中枢大脑机制（表征地图）来感知运动行为。这个独立的大脑机制非常了解我们将要做什么[5]。

周围神经系统存在障碍的病人很好地证明了我们有两套独立的感知运动行为的方法。周围神经系统的病变会阻挡来自胳膊或腿的感觉输入。尽管这类病人很难知道患病的肢体实际用了多大的力，但他们依然准确地知道为了完成某个运动他们需要使多大劲儿[6]。例如，他们伸手拿一杯水，虽然无法从胳膊的感觉反馈中感知自己使了多大劲儿，但他们知道需要用多大力气才能拿起水杯。经过一段时间后，有些病人能够利用这种中枢感觉来重获对已经失去外围感觉的胳膊或腿的部分控制力。尽管这听起来就像蒙着眼睛开飞机，但在没有感觉反馈的情况下实施行为是可以理解的，因为我们的大脑是一位超级棒的预测者，它知道我们将要做什么，某个行为需要花费多长时间，我们的身体会到达什么地方，某种运动应该产生什么感觉以及需要使多大力气。

我们拥有指示未来行为的大脑地图，这应该不足为奇。如果在做出行为之前没有引导性的神经活动，便不可能有复杂的动作。想一想演奏钢琴，为了按照意愿以特定的节奏演奏出特定顺序的音符，在开始演奏前手指就

02 能动性、意志与意图

必须被放在适当的位置。我们无数次地进行练习，目的是把这套意图转化为神经回路，使它的运作能够独立于每时每刻的意识。像大多数动作行为一样，在演奏乐曲时，我们的意识主要集中在我们想要做什么上。当行为进展顺利时，知道那就是我们想做的行为并且它在我们的控制之中会让我们感到满足。有能动感便足够了，我们不需要知道身体运动的细节。

如果你想创建一个系统，这个系统对预期发生的事情非常了解，同时又不把这些信息摆在明面上，那么你需要设计一种方法，当输入信息与预期的事情相一致时，就抑制这些信息。

你希望只在出现意料之外的行为时才通知你，因为那暗示着出现了差错。例如，感知你是否有意识地把胳膊放在后背上是判断你是在后背上挠痒痒还是被人反扭着胳膊的唯一方法。如果你无意识地预期到了会把手伸向后背，那么便没有必要了解动作的每一个组成部分了。知道这个行为与已经预期到的事情相一致就足够了。

对奖励的预测

"巴甫洛夫的狗"这一实验已有百年历史，而其升级版则发现了"中枢预测"是如何形成的。在巴甫洛夫最初的实验中，狗通过训练认识到在铃声响后有人会投给它食物。一旦形成了条件反射，当听到铃声但还没给它提供食物时，它们也会分泌唾液。分泌多巴胺的细胞产生了这个反应。这些细胞位于中脑的奖赏中枢。直到不久以前，研究者都认为这些细胞唯一的功能是提供奖励感。科学家在针对猴子实施的新研究中提出了一个额外的可能性，即这个系统还会显示我们对奖励的预测出现了错误。

在实验里,电极被植入猴子大脑中分泌多巴胺的神经元中。猴子先看到闪光,1秒钟后会有果汁被喷射到猴子嘴里。一开始,分泌多巴胺的神经元具有奖赏细胞的典型反应,果汁会使它们的活动增强。但是经过一段时间的训练后,这些细胞不再只对果汁做出反应,而是在猴子看到闪光但果汁还未喷射时就做出反应。它们的作用改变了,从提供奖励变成了预测,因为果汁应该在1秒钟后出现。如果果汁如预测那样出现了,便不需要进一步的通报了。事情像预期的那样发展着。

但是如果闪光过后没有果汁,这些神经元的放电就会比闪光之前更少,因为此时正是果汁应该出现的时候。事实上,放电率的降低是在通知期望落空了,即没有按时"发货"。一段时间后,闪光和喷射果汁时放电率的比例会取决于预测的准确性。如果持续喷射果汁,神经元便会继续伴随闪光放电。如果撤销果汁这个刺激,神经元最终将不再对闪光做出反应。

预测的准确性会决定神经元的放电率,因此我们很容易理解为什么当事情像预期的那样进行时,传入的感觉信息会被抑制。效率最优的大脑只会把需要处理的信息传递到意识中。如果没有出什么差错,便不需要意识到行为的细节。我们只需要知道事情进展很顺利。"尽在控制之中"的感觉是大脑在告诉你,行为在按照预期发展。能动感与我们探讨的其他感觉类似,识别感是潜意识模式识别后的通知,确定感反映了无意识进行的计算是正确的。

英国伦敦大学学院的神经科学家苏姗·布莱克摩尔(Susan Blakemore)、丹尼尔·沃尔珀特(Daniel Wolpert)和克里斯·弗里思(Chris Frith)采用了一种巧妙的方法来探究能动感的根源。一开始他们先剖析看似无关紧要的观察发现:我们不能把自己挠痒[7]。他们最初的理论是,我们的大脑事先

02 能动性、意志与意图

知道我们会有什么感觉，当它传递运动指令给手指，让它们引发痒的感觉时，大脑已经得到了会发痒的信息。从本质上看，因为提前知道了一会儿我们会感觉到什么，所以我们无法感到吃惊，无法被挠痒[8]。

神经科学的"知"与"不知"
A Skeptic's Guide to the Mind

为了检验"我们不能把自己挠痒"这个假设，弗里思和同事对一些声称能够被自己挠痒的人进行了研究。这些人患有某种精神分裂症，主要的症状表现为，他们相信自己无法控制自己的行为。这些病人通常表示自己被外力操纵着。我还记得一位病人痛苦地说他是被宇宙弦操纵的木偶。从病人的角度看，这个逻辑无懈可击。如果你相信因果关系，但不觉得行为是由你产生的，那一定就是你自己以外的某人或某物造成了这种行为。

利用功能性磁共振成像，弗里思与其他研究者已经发现对于缺乏能动感的精神分裂症患者来说，他们大脑中抑制身体输入感觉信息的脑区的活动明显较弱（抱歉使用了双重否定，抑制水平的降低等于感觉输入的增加）。弗里思写道，运动感觉意识的增加与预测行为结果能力的降低有关。反过来，这导致了一种无法完全控制自己行为的感觉[9]。尽管我们无法想象某人偷偷地接近他的自我，但这类病人完全可以进行这样令人吃惊的自我攻击。他们可以被自己挠痒，即使是他们知道将要发生什么，而且知道那是他们自己所为。

神经科学家不太可能确定地指出能动感来自哪个特定的脑区或来自哪

些神经连接。能动感来自各种感觉输入，由另一个控制或（和）抑制这些信息的脑区调节，并且可能会受到其他心理感觉的影响，比如努力感和拥有感。因此，能动感涉及各种独立的脑区，从额叶到枕叶和小脑[10]。它并不来自独立的大脑回路，而应该被视为分布广泛的复杂的认知系统，而我们体会到的是，对有意识行为的控制感。通过与身体的自我意识进行合作，能动感创造出每个人都根据自己的意愿做出了具体行为的感觉。

弗里思对抑制输入感觉信息的研究，暗示了意图的主要作用。正如弗里思所说："大多数时候你不知道自己在做什么。你所知道的是你想要做的事情。一旦你的意图实现了，你便不会在意你实际正在做出的动作了。"[11] 想一想爵士乐的即兴演奏。你所知道的是你想要演奏柔和的、热烈的或带有某种感情的音乐。你并不知道每个时刻手指所在的位置。手熟练地执行着你的意图，而你却意识不到身体动作，这就是所谓的"处于巅峰状态"。

两只手的较量——意图之战

你还记得电影《奇爱博士》（*Dr. Strangelove*）吗？在剧中，彼得·塞勒斯（Peter Selllers）扮演一个疯狂科学家，戴着看起来不吉利的皮手套，那只手似乎有它自己的思想，它自己敬了一个纳粹军礼并试图掐死博士[12]。这部充满讽刺意味的电影其核心在于博士失去了自己对手的控制作用，用神经科学术语来说就是异己手综合征（anarchic hand syndrome）[13]。当为了治疗无法控制的癫痫发作，通过手术将大脑左右半球分开时，或者当一些脑区受到损伤时，甚至最常见的是，患病的那只手所对应的额叶受到损伤时，便会出现这种情况[14]。尽管在不同的病例中大脑受损的确切位置各不相同，但它们的共同点在于，负责将意图转化为自发行为的辅助运动区受损了。这个区域的功能还涉及选择做出什么行为[15]。

对异己手综合征症状的描述，让我看到了脑损伤如何能够显著地改变人们对行为的控制感。一位病人的左手"会固执地探索并抓住周围的任何物体，拉扯她的衣服，甚至在睡觉时掐住她的喉咙"。为了防止这种情况发生，病人睡觉时会把胳膊绑在床上。病人知道那只手是自己的，但感觉它就像一个"自主的存在体"[16]。另一位病人描述："一只手在打开书，另一只手在合上书。我的右手想在衣服上打肥皂，而左手总是把肥皂送回肥皂盒里。我试图用右手打开橱柜，但左手却把它关上了"。这些病人承认虽然手是自己的，但他们觉得那只手不受自己控制，也不是自己让那只手挪动的。一位病人觉得来自月球的某个人在控制自己的手。由于病人常常把能动作用归于外力，因此这种症状被称为异己手综合征[17]。

尽管不听大脑指挥的动作有违病人的意愿，但它们通常比较复杂且具有目的性，不同于无目的动作（如直接刺激大脑引起的动作或膝跳反射）。一个病人的陈述非常具有启发性，他强调了分配意图的问题（基于被我们感知为意图的想法）。"在玩跳棋时，左手会走我不想走的一步棋，我再用右手纠正过来，但令我非常恼火的是，左手会重复刚才的那步棋。"我们不知道为什么左手会做出这些行为，病人也没法告诉我们，因为病人没有感觉到自己有意愿做出这些行为。但是把这些行为看成完全是随意的、无意图的也不合理。那只"异己手"一定在根据某些特定的意图和指令行事，尽管病人意识不到这些意图和指令。跳棋的例子提出了一种有趣的可能性，那就是两只手相互矛盾的动作代表了病人无意识思考着的两个选择，但只有其中一种行为与能动感联系在了一起。由于神经系统的小故障，我们有机会一窥那条未被选择的路。

现实版的"三心二意者"为我们提供了激动人心的洞见，让我们认识到意图与蓄意的行为相互分离的性质与体验。做出某种行为的意图独立于有意识地决定要做这种行

> 为的感觉。意图可以存在于潜意识中，没有任何有意识的相关物（正如我们在下跳棋的案例中看到的，病人的潜意识意图是做出与有意识意图相反的行为）。

从能动性到选择只是小小的一步。在下跳棋的例子中，能动性与选择是一个行为的两个方面。病人对右手动作的控制感与一种独立但同时发生的感觉连接在一起，那就是他从各种棋路中选择了一种走法的感觉。与之相反，当他用左手走出相反的一步棋时，这种感觉没有出现。前文中玩扑克的例子也是同样的道理。是你的头脑在做出选择，你的手在拿起筹码。

能动性和选择是一只手的两面。两者都可以被视为对自己的某个组成部分的控制感，即对身体的控制（能动性）和对思维的控制（选择）。因此，对于纯粹的大脑行为，比如选择汉堡包还是豆腐沙拉，我们会使用"选择"这个词。如果你在柜台前选择了汉堡包，便会有叠加的能动感。

幸运的是，很少有人直接体验过异己手综合征。但是有些人要么看到过催眠过程，要么有过被催眠的经历。尽管心理学家对催眠背后的原理还存在争议，但它提供了意图与能动感相分离的另一个视角。标准的催眠过程是让被试把胳膊举过头顶，并指示他忘记做过这个动作。当醒来看到自己的胳膊在脑袋上方摇晃时，被试会大笑，而且他看起来很困惑，但最重要的是，被试声称这个动作不是他做的。能动感已经从催眠窗口流出去了。通过催眠，被试会相信某个物体重得举不起来。你会看到被试使尽全身力气去拿起一根羽毛或一个玻璃弹球，但没有成功。

鉴于有足够的证据证明催眠是真实的现象，不是弄虚作假，因此这些把戏使我们认识到了暗示的力量，它可以改变或影响自我意识最基本的方面。到目前为止，我所呈现的资料主要集中在能动感和选择的生物学基础

02 能动性、意志与意图

上，但催眠提醒我们，自我意识最基本的机制很容易受到外界影响的操纵。

Mind
局限与突破

> 身体的自我意识是心智构建出来的，它使我们能够感受自我的大小。再加上意图感、能动感、努力感和选择感，你拥有了基本的"运转中的自我"。它们是每个人所必需的基本生物机制，由此我们才能感觉到自己是一个有身体边界、有意愿的作用者[18]。

> 经验只告诉我们一个事件如何常常伴随着另一个事件,但没有告诉我们其中神秘的联系。这种联系将它们捆绑在一起,使它们不可分割。
>
> ▎**大卫·休谟**
> David Hume
> ▎《人类理解研究》(*An Enquiry Concerning Human Understanding*)

03

因果关系

在嘉年华上,我在幕后观察魔术师和吞剑表演者的练习。这时听到吵闹的骚乱声,我扭头看到两个小丑在争吵,他们吵得很凶。小丑甲显然火冒三丈,他的声音气得发颤。小丑乙眼睛睁得大大的,一脸茫然不解的表情。小丑甲突然冲向小丑乙,一拳打在他脸上。小丑乙摔倒了,他四脚朝天,红鼻子都歪了。一位杂耍艺人跑过来问我出了什么事。我解释说小丑甲打倒了小丑乙。杂耍艺人哈哈大笑,他转头向小丑们说:"干得漂亮,你们骗过了神经科学家。"小丑乙从地上一跃而起,两人又开始了日常工作。

这两位小丑刚才是在排练。用拳头猛击是精心安排的,看起来像是真打，其实并没有打到。小丑乙不是因为小丑甲那一记重拳才倒地的，他们只是根据脚本在表演。但是导致小丑乙倒地的不是脚本，而是他自己，或者说小丑乙认为是他自己让自己倒地的。不过这取决于你对自由意志的看法，或许小丑乙并没有造成他自己的倒地。或许在亚原子层面上，他戏剧性的完美倒地已经事先被决定了。

原因的结果

人们对心智产生误解的最重要的原因之一或许是因果关系，即我们对一系列事件背后根本原因的感觉。因果关系是复杂的，它常常引发哲学上的烦恼。

从科学角度看，我们形成了各种各样归因的方法。但在个人层面上，我们把因果关系视作一种认知感。

近300年前，哲学家大卫·休谟提出，因果关系是一种感觉，它源自以前的经验以及将分散的事件连接成因果关系的内在机制。令人遗憾的是，我们不能穿越回过去，给提出伟大见解的人写感谢信，他们的洞见经住了时间的考验。不管这个观点的真伪，我们都要谢谢大卫·休谟。在本章中我将尝试从现代神经科学的视角来看休谟的论断。

在小丑的例子中，我没有独立的方法来确定小丑乙倒地的真实原因。在听到杂耍艺人的话之前，我只能依靠以前了解到的身体力量和拳击力学进行判断。如果没有这些关于击倒的详细知识，我会很困惑，得不出任何结论，搞不清什么是原因什么是结果。我看到的只是随机发生的一系列没有联系的事件。之前的知识对认识因果关系非常重要。

当然，知道拳击会把人打倒并不能肯定是拳击导致了小丑乙倒地。我还要依靠眼睛所看到的事情来判断，但我们不得不勉强承认：知觉并不等于真实情况。我看到的并不一定是真实发生的事情。如果承认我的知觉不可靠，那么我可以一开始就想出所有知觉可能出错的情况，这样便能减少结论的错误性。但是能不能充分理解这些潜在的知觉错误取决于，我们是否避免了相同的错误知觉。这种循环推理如影随形地伴随着知觉偏差。

神经科学的"知"与"不知"

为了方便了解我们在最基本的情境中是如何判断因果关系的，请思考下面这个很普通的经历：你走在楼梯上，一块松动的地板绊了你一下，撞到了你的脚趾。你立刻感到脚趾疼痛。在你看来，毫无疑问是撞到脚趾导致的疼痛。但是受伤与疼痛之间看似显而易见的因果关系并不总是这么明显。我们都看到过年幼的孩子伸手去摸炉子，他们做这个动作时无忧无虑，完全不知道潜在的后果。"热炉子会导致疼痛"是一个必须从经历中学到的教训。吃一堑才能长一智。

幸运的是，我们很快便建立起了受伤、组织损坏和疼痛之间关系的心理表征。一段时间后，"热炉子会导致疼痛"的洞见会与其他身体受到伤害的经历结合在一起，形成一条被牢牢记在心里的经验，即"受伤会导致疼痛"。

休谟提出了一个有关归纳的著名问题：我们永远不知道未来是否会与过去相一致。从大脑的层面来看，这并不是问题。大脑从来没上过哲学课，它是一个实用主义者。在大脑看来，有用的就是真的。像任何成功的赔率

03 因果关系

制定者一样，大脑能够预测概率，但不会坚持要得到完美的答案。我们只了解普遍的经验法则便足够了，比如B经常出现在A后面，所以很有可能A导致了B。认识感在本质上就是，看到的形象与存储的形象很相符的无意识感觉。与之类似，因果关系也是一种无意识的感觉，它来自潜意识的预测，即B很可能伴随着A出现。第一，因果关系感要以当下事件与之前的表征地图很符合为基础。

如果不太符合时会发生什么情况？毕竟不会发生两次经历完全相同的情况。首先让我们来改变一下上述例子中的时间因素。如果脚趾疼痛没有立即发生，而是发生在两天之后会怎么样？如果发生在一个星期或一个月之后呢？随着时间的流逝，因果关系感会减弱。反过来，如果你在被隔壁熊孩子漫不经心地放在你家车道上的滑板绊倒之前一个月就开始脚趾疼了，那又会怎样？在不确定脚趾疼痛是因为尿酸水平略微升高，导致痛风发作时，你潜意识里对邻居和他儿子的看法还重要吗，或者还能成为你对他们提出诉讼的理由吗？任何因果关系的计算都充满了潜意识的偏见[1]。

能动感与因果关系

探究因果关系很关键的因素是能动感。为了找到事件的原因，我们必须相信A能够影响B。想一想两个台球的相撞。为了相信球A能够让球B运动，你需要感觉到球A具有影响其他球的位置的能力。这让哲学家们陷入了混乱，他们疑惑心智作为非物质存在体，如何能在物质世界中具有导致因果关系的力量。然而在实验层面上，能动感足以让人产生心智具有因果力量的感觉。看到想法B总是伴随着想法A（模式识别），再加上我们发自内心地觉得我们的想法确实会产生影响（能动性），我们很可能由此得出结论：想法A是想法B的原因。

我们不仅给有生命、有意识的事物赋予了能动性。很多人曾经迂回地把能动感赋予冰箱，比如"它拒绝制冰"，或者对流感大发脾气，就好像是流感病毒挑中了冰箱。或许那只是开玩笑，但"为什么是我"这个问题暗示着，导致疾病或坏运气的事物是有意图和能动性的。问一问你自己，当你外出野餐遭遇下雨时，你是否曾咒骂过大自然？智慧设计论①的支持者给进化赋予了意图——因为智慧的超自然力量的伟大设计，进化导致了某件事。（注意能动感如何快速变成了因果关系。）即使那些最反对基于信仰对能动性进行归因的人，通常也会给复杂的观点赋予能动作用。在《大设计》（The Grand Design）一书中，斯蒂芬·霍金（Stephen Hawking）写道："由于存在着诸如万有引力这样的法则，宇宙能够也愿意从无到有地创造出自身。"[2] 如果我们可以把能动作用归于冰箱、流感病毒或宇宙，那么明摆着也可以把它归于心智。

神经科学的"知"与"不知"

为了让能动作用、意图和因果关系之间复杂的重叠关系具体化，请思考一下作为一个小孩子，我们是如何学会通过见证自己行为的后果来建立因果关系的。假设我尝试着敲击立体声音响上那个闪亮的开关，我想知道会发生什么。当我这样做时，音乐响了起来，声音大得出乎我的意料。妈妈用手堵住耳朵并尖叫着："不许吃甜点！"我在自己的房间里回顾这一连串不幸的事件。因为我很好奇，所以我用手（物质）轻击开关（能动作用），想看一看会发生什么（意图）。我的意图导致妈妈取消了我的甜点。普遍原则是：意图和结果离得越近，我们便越有可能得出这样的结论，即我们的意图导致了结果。

---

① 智慧设计论认为，自然界特别是生物界存在一些现象是人类无法在自然的范畴内予以解释的，必须求助于超自然的因素，即必然是具有智慧的创造者创造并设计了这些实体和某些规则，并造成了这些现象。——译者注

人格特点显然是先天与后天的结合，其中基因发挥了重要的作用。（最有说服力的证据是对分开抚养的同卵双胞胎进行的研究。）有些人天生乐观，而有些人总能看到灾难和阴暗之处。有些人喜欢跳伞运动，而有些人喜欢系着安全带、戴着安全帽坐在沙发上。如果生物因素在主要人格特征的表达程度上，比如在乐观程度和喜欢冒险的程度上发挥着重要的作用，那么它同样使我们体验到了不同程度的无意识心理感觉的表达。有些人似乎天生具有确定性的倾向，即那些"自称无所不知的人"，而有些人是"证明给我看"的怀疑论者。通过选举投票的方式我们能够看出人与人之间能动感的不同。有些人觉得一张选票能够改变世界，而有些人觉得投票最终是徒劳无益的。由此看来，每个人所感受到的因果关系的强度会因人而异，而且差别很大。

为了探究因果关系感强度上的差异，想一想最近对注意力缺陷多动障碍进行的遗传学研究。英国卡迪夫大学（Cardiff University）的科学家发现，正常的控制组孩子与患有注意力缺陷多动障碍的孩子存在遗传差异。这项研究的发起者兼儿童及青少年精神病学教授说："人们常常把注意力缺陷多动障碍归因于不良的教养或糟糕的饮食。作为一名临床医生，我很清楚原因不可能是这样的。现在我们可以很有信心地说，注意力缺陷多动障碍是一种遗传性疾病，患病儿童的大脑发育状况与其他儿童不同。"[3] 他们认为，研究证明了基因变异是造成注意力缺陷多动障碍的原因。

研究得到的实际数据是，在 360 名患有注意力缺陷多动障碍的儿童中，不到 1/5 的人存在某种遗传变异，但超过 4/5 的儿童基因是正常的。在查看了相同的数据后，具有相同背景和专业知识的其他研究者得出了相反的结论：大多数患者的注意力缺陷多动障碍是由非遗传因素造成的[4]。

令我感兴趣的是，这项研究的发起者坚定地认为，基因与这种存在争议的、没有清晰界定的复杂疾病之间存在着因果关系。发起者肯定知道行为是先天与后天的混合物，很少可以归结于单一的原因。我们可以草率地把他们的解释归因于，他们误把相关关系当成了因果关系，但请允许我小心翼翼地提出一个额外的可能性。如果有的人天生比较容易产生因果关系的感觉，有的则比较难产生因果关系感，那么相同的数据会引发阅读者不同程度的因果关系感。尽管这纯粹是猜测性的，但我强烈地怀疑，那些容易被触发固有因果关系感的人，更有可能把复杂行为简化为特定的因果关系；而天生因果关系感较弱的人，更能够接受有关人类本性模棱两可和似是而非的观点。（当然，我对研究发起者行为原因的任何肯定论断，也会落入相同的陷阱。）

科学之不幸在于，没有一种客观地研究主观现象（比如心理）的标准方法。一位研究者眼中的相关关系是另一位研究者眼中确定的因果关系。从哲学意义上看，对引起主观感受的原因进行解释，就等同于问每一位研究者，他们所看到的红色是否与你看到的一样。神经科学家对心智的因果结论，从性质和程度上看，就像他们对爱、对日落和对一段乐曲的感受一样具有特异性。

> **Mind**
> 局限与突破
>
> 现代神经科学和哲学中存在一个巨大的讽刺：个体无意识的能动感、因果关系感、确定感和自我意识越强烈，便越相信心智能够进行自我解释。鉴于我们对固有偏见和潜意识知觉扭曲的了解，聘请心智作为理解心智的顾问就像让一个没有诚信的人进行自我评价，写自己的推荐信。最后，我们应该从头开始，心怀令人不快但又无法逃避的认识：不够可靠的心智将永远既是主要的心智研究对象，也是研究的工具。

在思考心智对身体所施加的作用时，我们观察到身体的动作伴随着意志而来但无法看到或构想出连接动作与意志的纽带，或者心智造成这种影响时凭借的能量。意志超越其自身官能和观念的力量，丝毫不易被觉察。

大卫·休谟
《人类理解研究》

04

直觉推理

假设你只是一位受过些教育的普通人，不具备气候学领域的专业知识。一位高级政府官员邀请你协助制定与气候改变有关的公共政策。你为此感到骄傲，但认为自己该理性地深思熟虑一番，于是告诉那位官员你需要好好想一想。

"想一想"意味着什么？当官员的言语抵达你的听觉加工区时，初步的判断便开始耍手段以占据有利地位了。在你完全搞明白这个问题的意思之前，这个问题便已经激活了那些与气候改变哪怕只沾一点边的神经网络。你的大脑将对以前存储的无数想法进行分类整理，其中可能包括计算机建模与预测的价值、科学家是否正直、"气候门"事件的影响、对环保狂的态度、有关保护北极熊的顾虑,以及北极正在融化的大块浮冰的照片是否是伪造的。它会把你所有的内在偏见都考虑进去,包括你对政治的了解、目前的心情以及你对自己人格特征的内省。接下来,你的大脑会把看起来最恰当的初步想法传送到你的意识中,附带进入意识的还有触发了这种想法的心理感觉[1]。在你开始进行有意识的思考之前,心智的运动场上已经被凌乱地丢弃了一些瞬间的判断和直觉。

为了理解这个潜意识的过程是如何进行的,我需要从人工智能领域中借用一个术语"隐藏层"(hidden layer)。通过模拟大脑加工信息的方式,人工智能科学家已经建成了人造神经网络,这类神经网络能够将口语转化为文本,从而使机器可识别人脸,打败最棒的象棋选手,还能在电视智力竞赛节目《危险边缘》(Jeopardy!)中获胜。标准的计算机程序会一行一行地执行命令,采用是或否的方式,所有可能性都被提前编写在程序里。但人造神经网络用的是完全不同的方法。人造神经网络的构成基于一个简单的原理图:输入→隐藏层→输出。介于输入信息与输出信号之间的是一个相当独特的区域,其中包含着能够从经验中学习的数学程序[2]。通过权衡每一次输入,隐藏层产生决定(输出)并监控输出的准确性。来自输出的反馈使它能够调整决策中各个要素的权重。

神经科学的"知"与"不知"

想象一下,你正在看橄榄球比赛,你的大脑接收到了来自视网膜的输入信息,大脑相信那是山姆的脸。如果真的是山姆,这个积极的反馈将使负责识别山姆面孔的各个脑区间的连接变得更加牢固而丰富。得到改善的"嗨,那是山姆"回路在后续的识别中会变得更容易、更准确。不过下一次山姆可能留起了小胡子。识别回路权衡了

04 直觉推理

所有的要素——两眼之间的距离、眉毛的浓密程度、闪烁的眼神,然后增加了一个未知变量:新的胡子。你的"嗨,那是山姆"回路被激活了,但发现有一点不同,也许那个人不是山姆,只是长得很像他的一个人。大脑需要证实一下,如果那人确实是山姆,反馈会把小胡子纳入"嗨,那是山姆"的神经回路中。

在最基本的心理层面上,隐藏层是经历与学习之间的纽带,是产生所有神经回路并进行后续修正的主要概念机制。但是隐藏层不只是权衡来自外部世界的输入以及来自身体的感觉输入。它不是做选择,而是思考所有的输入,无论它们源自哪里。

大脑处理有意识思维、心理状态和记忆的方式,与处理更基础的视觉、听觉和嗅觉刺激的方式相同。所有的输入乱成一团地纠缠在一起,隐藏层利用它内在的计算能力对这团乱麻进行分类整理。

在有意识思维的输入中,最重要的是各种各样的愿望和意图,包括过去的和现在的。在橄榄球赛中场休息时,你随意地扫视人群,隐藏层从过去经历形成的价值观中了解到,你不想被无关的视觉信息打扰。它知道你主要想发现熟悉的面孔或有威胁的事件,但是这次的情况不同。你在比赛上下了很大的赌注,现在你只关心你的赌注在下半场是否能翻一番。你想自己待着,好好计算一下,不想接受山姆就在你前面第三排坐着的信息。隐藏层接受了这项新任务,重新衡量了输入信息。可以肯定的是,你没有看到山姆在向你挥手,然后他向妻子说你已经变成了鼻孔朝上的大人物。事实上,有意识思维给大脑发出了特定的操作指令,这些指令成了隐藏层改进后的一部分任务描述。

你的有意识愿望只是动机的一个组成部分，无数潜意识因素也是引导隐藏层行为的因素。我想要说的并不是意图的作用有多么重要，而是心智所有的有意识行为都可被视作隐藏层的输入，而我们的生物学因素和以前的经历已经使隐藏层有了偏重。

尽管我们倾向于认为知觉是不由自主的，但我们也承认注意力会对知觉产生影响。在"看不见的大猩猩"实验中，研究人员要求被试观看视频并数一数穿白色球衣的篮球运动员传了几次球。在数运球次数的时候，很多人没有看到一个穿着大猩猩服装的人出现在了画面中①。这种现象被称为"无意视盲"[3]，通常被用来证明注意力如何影响着知觉。注意就是意图。"数传球次数"成了隐藏层的操作指令，视觉系统在执行你的命令时，它没有告诉你那儿还有一只"大猩猩"。

而另一方面，如果你被某个问题卡住了，比如回想一个已经被遗忘的名字或想办法解决麻烦的关系时，你常常会发现自己突然灵机一动，想出了答案。尽管答案看起来是无意中产生的，就像是来自灵感或直觉的礼物，但其实并非如此。在早些时候你已经有了解决这个问题的有意识意图，但当时没能找到答案，随后你的有意识意图转移出了意识，进入了隐藏层。在那里它可以按照自己的节奏工作，收集旧的和新的输入信息，直到找到可能的答案。只有在那个时候，答案才会出现在意识中。

让我们再回到"想一想"到底是什么意思的问题上。你已经阅读了前面的段落，满心不快地承认你思考的起点在一个看不见的认知大乱炖里，已经不可能还原其中的成分了。无论你多么努力地扒拉，都无法将它分成

---

① "看不见的大猩猩"实验是至今为止最受大众媒体关注的心理学实验之一，设计该实验的两位心理学家将自己的研究成果写成了《看不见的大猩猩》一书，生动而幽默地揭示了生活中无处不在的六大错觉。该书中文简体字版已由湛庐文化策划、北京联合出版公司出版。——编者注

04 直觉推理

最初的马铃薯和肉。你竭尽所能地消除那些不请自来的感受，并且开始探究。你做了个深呼吸，尽量"清理思绪"，不过这通常是吃力不讨好的任务。

如果你能够创造出一块思维白板，完全没有潜意识偏见地开始思考，那会怎样呢？你还会遇到其他有意识思维的限制，比如工作记忆的局限以及加工速度。

记忆的完全性

当我们试着记住一串电话号码时，一般来说，大多数人能够一次记住7位数的数字，但对于记住更长的号码，比如国际电话的号码，就会比较困难。如果不考虑智力和教育因素，我们的短时记忆（工作记忆）在某一时刻就只能记住7个信息项，最有天赋的人也很难应付9到10个信息项。为了避免这种局限，我们会把多项信息组织成有意义的群组或"组块"。当试图记住电话号码时，我们把数字分成三组，区号（三位数字）为一组，然后当地的电话号码会被我们分成两组，其中一组包含3个数字，另一组包含4个数字。将数字分成三组来记忆比记一长串的10位数字容易得多。一般来说，我们能够在短时记忆中记住4个信息组。

想象你的大脑中装配着相当于计算机内存的电子剪贴板。这个剪贴板只能储存少量的信息块，但它是你进行有意识思维的唯一工具。如果你想增加更多的信息块，便需要把剪贴板上的一些数据转移到你的硬盘中（长时记忆）。为了理解这种局限性，你可以试着对一组数字进行乘法运算。对于最简单的计算，我们可以仅仅凭借小学时背得滚瓜烂熟的乘法口诀。一旦数字超出了乘法表，需要我们在大脑里操纵这些数字，我们很快就会达到头脑的极限。需要去寻找纸、笔或计算器就相当于大脑在告诉你内存满了。同样的记忆局限性也适用于我们记忆符号、文字和观点的能力。

对于希望继续笃信有意识思维的人来说，更加令人沮丧的事实是，短时记忆的保持时间非常短。一两分钟内，短时记忆中的信息要么会蒸发不见，要么就被转化为长时记忆了。一旦被归入潜意识库存，这些记忆便会受到大量的潜意识影响。对于任何需要花费几分钟时间思考的想法，你根本无从知道这个想法在从意识到潜意识，再回到意识的轮回中是否受到了潜意识的影响。

自启蒙时代以来，我们一直被告知人类是理性的。只是在20世纪，无意识认知的理念才开始得到广泛的接纳。虽然我们越来越多地了解到各种各样的知觉偏差和认知偏差，但问题通常被说成是"潜意识大脑活动又一次影响了有意识思维"。但是鉴于储存短时记忆的内存很小，持续的时间很短，因此为什么不把问题反过来说呢：如果有意识思维对我们的整体思维有影响，那么影响是什么呢？

神经科学的"知"与"不知"

为了看一看这种方法是如何发展的，让我们回到全球气候变化的问题上。听到这个问题后，少量的想法跳入你的脑海并被储存在头脑剪贴板上。你选择了其中一个想法——北极熊的困境，并开始思考。你想出了几条为什么必须拯救北极熊的原因，以及它为什么有可能步渡渡鸟①的后尘的原因。你的剪贴板还没有满，为了漫不经心地考虑一下另一种可能性——未来在格陵兰岛购买海滨房地产的投机机会，你需要暂时把北极熊的思考转入长时记忆。

---

① 也叫嘟嘟鸟，是仅产于印度洋毛里求斯岛上的一种不会飞的鸟。这种鸟在被人类发现后仅仅82年的时间里，便由于人类的捕杀和人类活动的影响彻底绝灭，堪称是除恐龙之外最著名的已灭绝动物之一。——译者注

04 直觉推理

你和最初沉思的话题道别了。除非你同意古老的但目前已被普遍证明是错误的观点，即大脑会像MP3储存文件一样保持记忆，那么你就不得不勉强承认，记忆在移入和移出长时记忆时会发生改变。虽然你在思考海滨房地产，但瞥了一眼花园里的冠蓝鸦可能触发了一系列新的联系，它们会默默地改变你对全球变暖如何影响野生动物的看法。这些新联系会被加入包含着之前对北极熊的想法的神经回路中。即使你没有意识到这种影响或不记得看到过冠蓝鸦，但事实就是如此。在思考了几分钟的格陵兰房地产后，你决定不搞投资，又回来思考北极熊的问题。你对之前有关北极熊的思考的回忆现在包含了新的或发生了改变的要素，这很像传话游戏。

事件发生的必然顺序使我们根本不可能进行纯粹的有意识的复杂思考。我们不具备这样的生理能力。任何需要花费几分钟的思考，或者任何涉及几个事项的思考都会经过潜意识的加工。即使我们知道每时每刻每个神经元和突触的活动，依然无法知道哪些思考是在意识中进行的，而不是只经过潜意识就发生了，但感觉起来就像发生在意识中。除非当科学发现了有意识大脑活动和无意识大脑活动的精确识别标志，否则任何大脑状态与心理状态之间的关系都完全取决于被试的描述。如果一位被试告诉你，他的想法完全来自有意识的思考，那么这种说法与"口渴是一种有意识的决定"同样不成立。

在反复思考有意识想法与无意识想法之间的关系时，我逐渐认识到它们之间联系的纽带是无意识的心理感觉系统，特别是知道感、确定感、能动感、选择感、努力感和因果关系感。没有这些感觉，我们便不会感受到有意识想法。通过这些感觉，我们可以强烈地感受到有意识的想法不同于无意识地产生的想法。那些想法只是"突然跳进我们的脑子里"，"是灵感女神的赠予"。

想一想当你努力尝试解决一个问题时，你有什么样的感觉。

当想法 A 刚出现时，你知道你在思考，而且能够感受到努力的程度，确实是你的心智产生了这个想法。不用对语义进行极其细致的区分，我们便可以看到自己的心理状态（我的心智）通过集中注意力（努力感）创造出一个想法（能动感）。在这个你能够意识到的努力阶段过后，你会得到奖励，新的想法 B 出现。感觉起来想法 B 源自想法 A（因果关系感），而且伴随着这个想法是否正确的感觉（知道感）。

心理感觉的顺序就是思考的体验。我们不知道其真实的机制和相关的步骤：认知的具体细节完全在无声地进行，发生在我们所看不到的突触和神经连接中。如果思考的行为确实具有内置的感觉基调，我们便会意识到每一个潜意识的认知行为，这是一种不可能存在的非常没有效率的进化设计。想象一下为了躲避呼啸而来的大卡车或剑齿虎，你需要筛选的各种半成品潜意识想法。不混乱才能保证快速反应。

短时记忆重组

令情况更加复杂的是，大脑非常擅长重新排列我们所感知的时间的顺

04 直觉推理

序，因此我们不能完全相信所感觉到的想法的时间顺序。当棒球运动员看到球接近本垒板，然后用棒猛击球时，事件的知觉已经被严重改变了。看到球接近本垒板，然后才开始击球并成功击中，从生理上讲是不可能的。有意识地感知到球的接近并做出击球的反应所需的时间太长了。为了让事件的顺序感觉起来有意义，大脑重新安排了知觉的顺序。因此尽管生理上的事实是，在球离开投球手的几毫米之后，你就开始做出反应，启动了你的击球生理机制，但大脑会让你在开始挥动球棒之前先有意识地看到球飞过来了[4]。这种机制适用于所有速度非常快的体育运动。据估计，大脑至少能够主观地改变120毫秒的时间顺序体验，这足以改变我们对思维顺序的体验[5]。

让我们把时间的重新排序应用到与推理有关的对事件顺序的体验上。你相信你的大脑创造了以下一系列事件：首先你想到了北极熊（A），接下来想到了格陵兰的海滨房地产（B），然后你打消了这个念头，继续思考北极熊的未来（C）。从体验的角度看，这些想法依照的是一个引发另一个的顺序。你所感觉到的事件顺序是：A → B → C。但是我们完全不知道这是不是大脑操作层面上的事件发生顺序。

大脑能够同时实施若干项操作，这相当于生物意义上的平行加工。尽管我们认为推理是一个想法导致了另一个想法，但这可能不是大脑真实的工作方式。想象一下，隐藏层是一个庞大的"委员会"，其中充满了一个个单独的影响，它们共同产生了想法。有些影响代表了生物倾向，有些代表过去的经历。从你的DNA到你的政治认识，每位"委员"都会投票。传入信息被提交给"委员会成员"，他们进行投票。输出信息——一个新想法，不一定需要顺序性的加工，所有"委员会成员"可以同时投票。如果是这样，我们所感觉到的推理过程可能便不符合大脑的实际情况了。另外，如果想法B伴随着想法A出现，但两者相隔的时间足够短，那么我们便无法排除短时记忆重组的可能性——先出现的其实是想法B。既然短时记忆重组会发生在速度非常快的活动中,比如体育运动中,那么它也很有可能发生在速度非常快的思考中。

思考的顺序

在我担任住院医生期间,有一位教授是优秀的苏格兰神经科学家,他因敏锐的诊断能力广受尊敬,但也因不能说出确切的诊断步骤而受到质疑。有些人批评他思维懒惰,因为他拒绝把他的想法简化成算法或推理过程。当被问及为什么拒绝时,他会耸耸肩,略带嘲弄地说道:"我的大脑不是那样工作的。"然而,他依然是医生们的医生。当那些医生们自己的健康出问题时,他们很愿意忽视神经科学家看似随意的决策过程,让他来做出最准确的诊断。我并不是说鲁莽行事是最好的思考方式,但那位神经科学家坚持认为他的推理过程并不像我们一直以来认为的那样,是顺序性的。如果他看似随随便便的话语是一条以微妙的形式呈现出来的洞见,那会怎样?也就是说决策不一定是线性的,无论我们感觉它们是怎样的。

我几乎用了10年的时间才认识到,我们之所以相信思维是线性的,是因为我们强烈地感到一个想法导致了另一个想法的产生。让我们再返回无意识心理感觉的话题。将两种感觉结合在一起,你便会产生强烈的推理感。这两种感觉是:

1. 身体的"自我"主动地、有意识地创造了我们的想法。

2. 这些想法引起了其他的想法。如果我们不觉得自己的想法之间存在因果关系,我们便不知道心智是如何工作的,这就像电脑屏幕上没完没了地闪烁着毫无关联的随机数据。原因和结果推动着思维去想象出故事,把它们联系起来。

为了创造出功能正常的心智,心理感觉必须无视所有会引起矛盾的证

04 直觉推理

据。当大脑产生的想法有违我们的生物特性时,这些感觉便会被摒弃。在写这段文字时,我强烈地感觉到我在一点点地表述论点,虽然我知道我所写的可能只不过是来自认知大乱炖的完形①。事实上,我的想法背后甚至可能不存在线性的过程。复杂的想法可能是在瞬间产生的,而没有经过循序渐进的推理过程。这便可以解释为什么我们会把深思熟虑出来的推论说成是"获得了更全局性的观点"。

为了更好地理解什么是推理,我们需要知道有意识思维与无意识思维之间的关系。最重要的是承认两者之间的区别不是一成不变的,它们也不代表任何基本的生物差异。没有适当的证据或理由可以使我们相信,想法背后的计算的差异取决于我们是否能感知到它们。

假设有意识思维与无意识思维之间存在生理上的差异,那么当想法移入或移出意识时,思维的机制便必然发生改变。其他身体过程并不是那样运作的。心脏不会因为我们能否感知到它的跳动而改变收缩机制。

存在差异的是计算能力和触发机制。尽管大脑的计算能力远远强于我们的有意识思维,但它需要被告知该做什么。执行反射行为和最简单的计算以外的功能时,大脑需要被输入操作指令。大脑不会因为有这个能力便自发地规划旅行,它也不会只是为了给你个惊喜就秘密地编写小说或偷偷地解决费马大定理。它的目标是满足主人的愿望,并大概知道什么样的最初反应是令人满意的。当大脑了解到你下周会休假时,它便马上行动了起来。它知道一周的休假对你意味着什么,以及你需要什么样的好建议。就

---

① 认知完形也被称为格式塔,通俗地说格式塔就是知觉的最终结果,是我们在心不在焉与没有引入反思的现象学状态时的知觉。——译者注

像一位优秀的销售员,它会整理你过去的记忆和偏好,提出最有可能让你满意的建议。

神经科学的"知"与"不知"

为了从计算的角度来认识这种互动,请想一想你是如何用谷歌进行搜索的。无论谷歌搜索引擎多么强大,它都需要你输入指令,推动它开始运行。空白的搜索栏不会产生任何搜索结果。一旦你输入了一个或两个关键词,搜索引擎便有了目标。它知道了你想要什么,你只需要往那里一坐,让搜索引擎完成必要的计算就行了。搜索栏中的输入不必太复杂,事实上,输入太多只会适得其反。几个关键词就足够了。有意识思维就像是在你大脑的搜索栏中输入了几个指令。这与它的加工能力非常符合,在大脑"搜索栏"中输入几个记忆组块,便足以触发大脑所能想到的最复杂的计算。想法移入或移出意识,被储存、修改、提取、有意识地重新加工,然后送回到暂时存储区,被进一步修改、回忆,等等,直到得出最后的结论。这是一个多次迭代的过程,最终我们会觉得得出的结论源于有意识的推理过程。

尽管这个比喻不可能完全恰当,但请让我用交响乐团的指挥与乐手之间很难量化的关系来打比方。我们把乐团指挥比喻为有意识的认知,乐手比喻为隐藏层的委员会成员,音乐则代表最后的想法。乐团指挥选择将要演奏的乐曲,并为每支乐曲选择节奏、音染和理想的演绎方式。每位乐手用他们之前对作品的认识、演奏技巧、个人信念和审美,包括他们自己的

04 直觉推理

演奏偏好来进行演奏。不过所有乐手都要留心乐团指挥的不断引导和额外的信息输入。在聆听演奏时，我们不可能武断地判定指挥和乐手的相对作用。

在演奏中，指挥任何时候都不能实际去演奏。尽管对于乐手将如何演奏，指挥的信息输入只是众多输入中的一种，但指挥可能具有惊人的影响力。乐团成员会尽量服从他的引导，尽管他们自己的习惯和偏好也会起作用。演奏的品质以及遵从指挥引导的程度每时每刻、每个乐手、每个乐团都会有所不同。无论指挥对演奏者的影响力有多大，都无法事先做出确凿的预测。最终呈现出来的演奏会与指挥的期望有出入，因为周围环境、与其他乐手的互动、观众的热情或薪酬谈判的结果都会影响乐手的演奏。从观众的角度来看，音乐是指挥和乐手共同完成的。他们像一个整体那样运作。我们看到指挥的指挥棒飞舞着，他的胳膊摆动着，受到个人因果关系感的引导，我们强烈地感到是这些动作导致了乐团对乐曲的某种演绎。

> **Mind**
> **局限与突破**
>
> 我们就是无意识认知的指挥主体。我们提供意图、方向和一系列指令，让无意识认知行动起来，然后为它提供连续不断的引导。大脑根据它天生的和习得的方法进行运转，但会从有意识的输入中获得线索。如果没有指挥，乐团便不知道该演奏什么。如果没有有意识的输入，大脑便不知道该去解决什么问题。如果没有乐手，便不会有音乐。如果没有无意识认知，便不会有复杂的思维。总之，完全有意识的复杂思维纯粹是一种幻觉，是许多无意识心理感觉产生的错误知觉。

> 赋予人们信心的往往是无知，
> 而不是知识。
>
> **查尔斯·达尔文**
> 《人类的由来》(The Descent of Man)

05

逻辑推理

除了哲学学术领域中的人，很少有人会质疑逻辑（比如数学证明）会不会受到潜意识偏差和知觉作用的影响。但是如果逻辑是一种正式的分析推理，而我们通过无意识心理感觉来体验推理，那么我们对逻辑的本质会有什么认识呢？

最近我看了一些逻辑入门的线上课，我的第一反应是，相当一部分古老的哲学论点似乎是荒谬的。用一个无穷大的数加一，会得到什么？如果有一个沙堆，你一次拿掉一粒沙子，什么时候这堆沙就不是沙堆了？起点之前是什么？但最令我苦思冥想的一个问题是与哲学、神学和科学有关的：

05 逻辑推理

无中如何生有？无论是思考宇宙的起源，还是思考存在造物主的可能性，这个问题让人感觉充满了意义——从人类起源的答案到人生"目的"的提示。但是这真的是一个有意义的问题吗？我们怎么能知道？这个问题的形式和句法都很简单，没有不必要的术语和歧义。谨遵逻辑的严格性的哲学大师认为，这个问题适合用一生来探求。但是看起来有意义的问题并不意味着它代表现实生活中的问题，甚至不意味着它是符合逻辑的。想一想维特根斯坦著名的俏皮话："太阳上现在也是下午。"

模糊逻辑

我们在评估想法的逻辑性上是相当无能的，体现这一点的最好例子是，1999年美国康奈尔大学的心理学家贾斯汀·克鲁格（Justin Kruger）和戴维·邓宁（David Dunning）所做的研究，名为"缺乏技能并且对此浑然不知：难以承认自己的无能导致了夸大的自我评价"[1]。

研究者让康奈尔大学的本科生进行一个有关逻辑推理的自我评估测试，试题来自法学院入学考试，共抽取了20道题。在完成测试但还不知道结果的时候，研究者让学生们比较一下自己和其他同学的逻辑推理能力。他们还要猜一猜自己答对了多少道题。平均来说，被试将自己置于了100个人中的第34名，这说明大多数人倾向于高估自己的能力（这种现象被称为高于平均效应）。那些位于后25名的被试对自己能力高估的程度最大[2]，其中分数位于第88名及以下的被试相信自己的推理能力应该位于第32名。另外，位于后25名的被试把自己答对的题目数高估了仅50%。

反过来，位于前 25 名的被试也高估了后 25 名被试的推理能力。"因为前 25 名被试熟练地完成了测试，他们猜想其他人也是如此。"研究发起者说。

在研究的第二个部分中，研究者给学生们一些试卷，其中包含 5 份前面研究中学生所做的还没有评分的试卷。研究者告诉他们这些试卷反映了其他同学全面的表现情况，然后再次让他们看自己的试卷，重新评估自己的能力和表现。研究者告诉学生，他们看到的是各种可能的答案和表现，与他们自己的答案不同的解答可能其实出自高分学生。然后学生们获得了重新评估自己表现的机会。尽管获得了新的信息，但后 25 名学生依然没有改变他们的自我评估。在看到 80% 未评分的试卷结果与他们自己的结果不同后，那些位于后 25 名的学生依然相信他们比 66% 以上的测试者成绩好。

邓宁和克鲁格的研究量化了缺乏逻辑分析能力所带来的双重问题。技能的缺乏同时也会妨碍个体承认这种无能。研究者总结道："缺乏做好某事所需的知识或智慧的人往往意识不到这个事实。也就是说，导致他们做出错误选择的无能也剥夺了他们认识自己能力或其他人的能力所必需的悟性。"

"邓宁 - 克鲁格"效应提出了一个严重的认知难题。**那些最不擅长使用逻辑的人最有可能高估他们的逻辑能力，而低估其他人的逻辑能力。**除非我们能找到方法识别出那些能力不足的人，并且改善他们的推理能力，否则我们便不能指望他们会认识到自己的推理出错了。同时，辱骂那些人没有任何意义，毕竟没有人能保证自己不是能力有欠缺的人。另外，我们需

05 逻辑推理

要认识到这些逻辑思维上的困难并不意味着这个人彻头彻尾地愚蠢。研究中的学生已经进入了享有盛誉的常青藤盟校，这说明他们在高中时学习成绩良好，在大学理事会面前和能力测试中表现不错。

对于"邓宁-克鲁格"效应，我们很容易草率地得出各种各样的心理学解释。但是假如缺乏逻辑与某人对自己逻辑能力的过度自信之间存在着更直接的生理关系，那会怎么样？

花点儿时间想一想我们是如何得出符合逻辑的决策的？对于复杂费解的问题，这个过程会很花时间，而且需要通过试错来挑选出不那么显而易见的逻辑错误。问题越困难，从尽可能多的角度去探究它就会越好。良好的想象力、开放的思维和避免草率得出结论的意愿都非常重要。但是，如果你产生了一个不成熟的感觉，觉得自己找到了正确答案，那会怎样呢？或者假如你觉得一个答案比其他答案"感觉"更好，更精确或更熟悉，那又会怎样？一旦这些感觉变得很牢固，你便不太可能怀疑推理过程或许存在逻辑上的缺陷。我们都做过多项选择题，其中有一个答案看起来更有可能是正确的，仅仅因为我们觉得它比其他答案更熟悉。大脑通过熟悉感告诉你这个答案和以前存储的记忆或数据具有某种相似性。

批判性思维是一种技能，它的培养方式就像学习如何演奏钢琴一样。正如建立演奏钢琴的回路，我们形成了如何思考的表征地图。如果目前的推理过程与我们过去的思考方式相一致，便更有可能产生熟悉感和正确感。与之相反，尝试新的推理过程可能会令人感到陌生、不熟悉和不正确。我们越依赖这类无意识的心理感觉，比如熟悉感、正确感，便越有可能执着地相信我们的逻辑无懈可击，即使出现了相反的证据。

数字的美丽

还有其他一些会影响逻辑思维,但从未被人们关注的心理感觉。长期以来我们一直认为,数学家和科学家会用美感作为评判某个判断是否正确的线索。有些数学家提出美感是数学发现的主要推动力[3]。世界顶尖的逻辑学家伯特兰·罗素(Bertrand Russell)曾写道:"如果正确地看待数学,你会发现数学不仅包含真理,而且包含着至高无上的美——一种冷静朴素的美,就像雕塑,不试图吸引我们本性中意志薄弱的部分,没有绘画或音乐那种华丽的陷阱,但是极其纯粹,能够表现出只有最伟大的艺术才能表现出来的令人敬畏的完美。在数学中,就像在诗歌中一样,我们能够找到真正的快乐与兴奋,感受到超越人类自身的感觉,这是顶尖卓越的试金石。"[4]

著名的数学家保罗·埃尔德什(Paul Erdos)说:"为什么数字是美丽的?这就像问贝多芬第九交响曲为什么是美丽的一样。如果你看不出其中的原因,也没有人能告诉你。我知道数字是美丽的。如果它们不美丽,便没有东西美丽了。"[5] 美的感觉在性质上不同于确定感。正如埃尔德什指出的,数字中的美感与任何特定的意义或结论都无关。数字本身就是美丽的。在罗素看来,令人愉快的方程式就像伟大的艺术作品,他捕捉到了这种纯粹的美感。

为了检验美与真理(人们所认为的真理)之间这种假设的关系,2004年挪威卑尔根大学(University of Bergen)的罗尔夫·雷伯(Rolf Reber)领导的研究人员研究了对称是否会影响被试对简单计算正确与否的看法。他们之所以用对称来代表美,是因为人类、其他灵长类以及其他各种物种,包括大黄蜂、鱼类和鸟类都偏爱对称,

05 逻辑推理

而且我们常常会注意到对称与"数学中的真理"之间的关系。（或许把对对称的偏好与美联系起来的思路有些跳跃，但我很欣赏这项研究的精致性，因此我接受了这个前提。如果我错了，那么可以用我的误解作为证明我自己论点的进一步的证据。）

研究者用一堆点构建了加法问题的视觉表征。例如，研究者给被试显示10个点加20个点，然后显示答案，也就是30个点。所显示的加法中有一半是正确的，其余是错误的，比如12个点加21个点等于27个点便是错误的。其中一半加法用对称的点来表示，另一半用不对称的点表示。每一组点呈现的时间不足两秒钟，也就是说被试没时间数清楚点的数量。在图像消失后，研究者马上问被试，刚才呈现的加法是否正确。被试通常觉得对称模式比不对称模式更有可能是正确的，尽管两种模式中点的数量相同。雷伯相信对称能够加快神经加工的速度，从而有助于对准确性的感知[6]。换句话说就是，神经加工的速度越快，被试越有可能认为答案是正确的。

为了检验这个观点，研究团队设计了一个简单的实验。他们在显示器上短时间呈现一个词语，紧接着呈现那个词的字母易位词（anagram）。研究者让被试评价第二个词确实是由第一个词字母易位构成的可能性。不出所料，第二个词出现得越快，被试越有可能觉得它是正确的字母易位词，无论答案是否真的正确。50毫秒时闪现的答案远远比150毫秒时闪现的答案更有可能被被试判定为正确。当方程式后跟随着可能的答案时，也会出现

上述类似的情况。50毫秒的延迟会显著降低答案被判定为正确的可能性。

美感以及加工速度与真实性的联系有助于解释为什么我们倾向于认为熟悉的是正确的；为什么根深蒂固的思维模式比其他可能性感觉起来更正确；为什么我们忠诚于某些品牌；为什么与已经熟悉了的旧观点相比，我们不太可能觉得新信息和新观点是正确的[7]。熟悉感、习惯与美学偏好之间的生理联系，使得润滑良好的神经回路能够比较快地加工之前被仔细考虑过的观点，而同化并加工新观点则需要比较长的时间。加工速度、经验和正确感之间的关系似乎可以用"经检验是可靠的"这句老话来总结。

这项研究的第二个特点——正确感的衰减时间，同样值得关注。在150毫秒时呈现的信息引发正确感的可能性，远远小于50毫秒时呈现的信息。在日常生活中，有意识的感知需要花费几百毫秒。无意识的心理感觉则快得多。你先感觉到一个正在迫近的威胁，然后才意识到一辆失控的卡车正撞向你的车。在完全理解一个名称之前，你会先觉得它是熟悉的。鉴于存在这种延迟，第一印象和瞬间的直觉比速度较慢的源自有意识思考的观点具有先天的优势。

如果在紧急关头，这些快速的决定最有可能救命，而且你可以根据感觉正确的决定立即采取行动，那么速度与正确性之间的联系便具有真正的进化价值。不幸的是，这种进化优势对简单问题最有效，比如决定躲起来以躲避飞来的长矛，但它不太适合解决复杂的现代问题，比如气候改变与核能风险。

难怪公众意见的塑造者会避免复杂性和模糊性，只呈现最简短的剪辑片段。这与雷伯的观察发现是一致的，也就是陈述呈现得越快，越有可能被认为是正确的。无论是为了达到目的不择手段，还是因为他们具有神经生理学方面的悟性，舆论制造者知道微妙和模糊是"感觉很正确"的大敌。

虽然把大脑比作计算机的比喻都快被用滥了，但我还是要冒险用一用。大多数人认为聪明就等于加工信息的速度更快。聪明意味着你理解得更快，能够更容易地掌握新观点，马上就能明白。但是如果雷伯的研究是正确的，那么聪明便是一把双刃剑。如果缺乏基本的认知技能，我们便很有可能像邓宁-克鲁格研究中的后 25 名被试，高估我们自己的逻辑能力。即使我们非常聪明，拥有速度超快的大脑，但越快得到问题的答案，我们便越有可能高估它的正确性。其中的含义很惊人：最聪明的人的内在机制使他们倾向于高估自己的推理能力以及自己想法的正确性。

探索心智的"光学"

设想你是一位著名的物理学家，将毕生的精力用于揭示宇宙的奥秘。你在这个领域做出了一些一流的发现，而且很有激情继续探索，尽管物理学问题非常艰深。你所提出的"万物理论"的优雅与美好是否会影响你对它逻辑性和正确性的判断？为了认识无意识心理感觉与相信推理及逻辑无懈可击的感觉之间的关系，让我们看一看我们这个时代最卓越的思考者之一斯蒂芬·霍金的观点。在他最近出版的《大设计》一书中，霍金提出了非常引人瞩目的主张："由于存在着万有引力这样的定律，因此宇宙能够也将会从无到有地创造出自己。'自然发生说'（spontaneous）便是宇宙中存在某些事物，而非空无一物的理由，也是宇宙和人类之所以会存在的原因。"[8]

请花点时间想一想，为什么你认为"无中生有"的概念是有意义的命题，而不是语义学的错误，或者更糟，纯粹是胡说八道，相当于现代的点金术。乍一看来，在不打破基本物理学定律的情况下，谈论源自"无"（nothing）的自发创造似乎毫无意义[9]。但是让我们暂时把"无"的概念（包括"无的量子定义）放在一边不管，只考虑这样的问题是如何在大脑中产生的。首先试着想象大爆炸，在你的头脑中很有可能出现这样的景象，在另一种颜色的背景中有一个致密的物质球。我们的视觉皮层（构成了心智的眼睛）通过在具有对比作用的背景中形成边界和边缘来凸显物体的形状。如果没有背景，便也不会有前景中的图像。

在大多数人的感觉中，背景是灰色的或黑暗的，但我们不可能产生"无"的图像。所有的心理意象都具有某种形状，这就像我们看到的颜色都具有形状一样。我们最多只能掌握空洞空间的概念，而这也是一个没有内容的轮廓。在视觉上构想出宇宙诞生时的起点会遭遇心智之眼的生理局限，那就是心智之眼需要在背景中才能构想出前景。

神经科学的"知"与"不知"

为了认识到在头脑中构想出"无"是多么普遍的困难，想一想简单的减法问题。如果你有4个苹果，拿走这4个苹果，你便没有苹果了，但你仍拥有曾经盛放苹果的空间。如果你的心智之眼构想出一个物体，然后把这个物体拿走，便剩下了作为视觉支架的空间，我们刚才以此为背景看到了那个物体。对于计算来说，情况也是相同的。想象等式"4-4="，答案是什么都不剩下。因为这毫无意义，所以我们构建了零的概念。零并非"无"，真空也并不是"无"，它是没有任何物质的空洞空间。在经验层面上，我们总会留下"无"的表征以占据时间和空间。

对我来说，"无"中如何产生某物的问题是哲学与智力上的死胡同。经

05 逻辑推理

过 2 500 年的探索，人类也没有找到答案，这应该成为一种警示，说明这个问题是无解的，存在着固有的逻辑缺陷，是语义学上的一个难题[10]，或者说是一个基本矛盾，来源于视觉皮层形成世界观的方式。（或许有些人具有非凡的想象力，他们能够在那种抽象水平上进行思考，但对大多数人来说，世界观需要某种图像，因此才有了"世界观"这种说法。）当然我无法以任何有意义的方式来检验这个假设，因为我受到视觉表象的限制，它阻碍了其他视角。与此同时，我的大脑会促使我不断提出这个问题，因为它天生要为模棱两可的视觉表征找到解决方法[11]。这一问题似乎已经成了现代人面临的最紧迫的哲学或神学问题。我怀疑，试图解释心智之眼的背景的生物冲动正是导致其长久不衰的主要原因。

现在看一看如果你试着远离前景或背景的心理意象后会发生什么。为了避免宇宙边界以外存在着什么的问题，霍金提出宇宙没有边界。为此他要让我们接受一个不同的宇宙观。他的视觉比喻是：宇宙的形状像地球一样，我们可以在其中不断向前，最后回到原地，而不会撞到墙、悬崖或深渊。如果是这样，那么没有表面边界便是说得通的。尽管这个形象的描述似乎令霍金很满意，但我无法理解如果宇宙"表面"没有边界，那该怎么描述那些超出宇宙的或存在于宇宙之前的事物。

在开篇的章节中我描述了大脑的心理感觉系统如何产生了第一人称的观点。在这里，我们可以看到视角的不同如何成了解决心智之眼所导致的问题的理论起点[12]。尽管霍金一生花费了大部分时间来弄清楚这个理论的细节，但他另类的心智之眼视角并不能解决宇宙的前景或背景问题。最后，霍金不得不设法解释无边界宇宙的背景。在试图用他另类的视角来解释我们默认的视角时，他已经陷入了逻辑困境，只得坚持"自然发生说"，也坚持认为"万有引力"在时间与空间之前就存在了[13]。

我并不想挑战霍金的理论前提，在物理或数学方面我的理解有限。我的意图并不是探究霍金理论的正确性。我所关注的是人们对大脑如何产生思维的无知（或有意识的忽视）在多大程度上被转化成了对纯粹推理的神化。根据最近的新闻资讯，霍金说他对主宰人类及宇宙的定律的解释是目前唯一可行的"万物理论"备选方案。如果得到证实，它将是爱因斯坦寻找的统一理论，会被视作人类推理的终极胜利[14]。

Mind
局限与突破

> 我并不想单单挑出斯蒂芬·霍金进行评论。相反，我非常崇拜他的研究成果以及他的英雄气概，因为他患有最使人丧失能力和信心的神经疾病之一。我的兴趣在于强调心智的操作性概念是所有理论的起点，无论是关于宇宙、气候变化，还是关于意识本质的理论。理论研究不应该开始于对相关主题的假设，而应该先仔细查看研究工具，即产生这些假设的心智。否则只要迈出一小步，我们便会相信无中生有的"自然发生说"。

谁能说自己写在日记里的感觉就是真实的感觉？谁能说在钢笔移动的每时每刻，他始终是自己？某个时刻他或许真的是他自己，而另一个时刻他可能就是在编造。

约翰·马克斯维尔·库切
J.M. Coetzee
《青春》(*Youth*)

06

元认知

　　近年来，理性受到了一些沉重的打击，其中包括新发现的许多固有偏见，以及情绪对理性决策造成的破坏性作用。自我提升运动越来越聚焦于试图控制我们任性不羁的情绪，比如对情商的关注。我们可以学会数到10，进行"计时隔离"，做深呼吸，在感到有报复心理或脾气暴躁时避免做出重大决定。在理想的情况下，我们应该能够用类似的方法识别并应对可能不可靠的心理感觉。

　　然而情绪与心理感觉存在着根本性的差异。我们无法退后一步以审视心理感觉，它们正是我们用来评判心理状态的工具。在《人类思维中最致命的错误》中,我强调了使得克服毫无根据的确信感变得非常困难的生物学基础。不幸的是,其他心理感觉也有这个问题。思考一下个人对因果关系(或缺少因果关系)的感知如何影响着我们对全球气候改变的看法。

大多数气象学家相信:强烈的风暴与地球变暖将导致更频繁、更强烈的天气事件[1]。然而,2009年冬季在美国东北部地区发生的严重暴风雪则是与全球变暖相反的证据。根据参议员詹姆斯·英霍夫(James M. Inhofe)的说法:"如果雪下得更大了,外面更冷了,那么全球便没有在变暖。"[2] 因为这些剧烈的暴风雪,唐纳德·特朗普(Donald Trump)认为,诺贝尔奖委员会应该剥夺阿尔·戈尔(Al Gore)的诺贝尔和平奖[3]。美国前参议院能源和自然资源委员会(Energy and Natural Resources Committee)主席、民主党参议员杰夫·宾格曼(Jeff Bingaman)承认,大量的降雪使得全球变暖的威胁变得越发立不住脚。

目击者的证词出了名地不可靠,容易受到个人知觉特性的影响。没有经过严格科学审查的因果关系判断同样如此。基于知觉的因果关系判断其实就是目击者的证词。我们很容易拒绝考虑对全球变暖的否定观点,把它看成是一种政治姿态,但这样做是目光短浅的。我们也不应该认为相反的观点都源自阴险的动机,源自愚昧无知或心理疾病,而应该思考它们的生理基础。

将强烈的确定感、因果关系感与避免模糊性结合起来,将复杂问题简化成可应对的"组块"(信息或观点)的生物倾向,然后再加入人格特征(不灵活性,缺乏对后代的同情与关心,对拥有某个观点而感到骄傲)的慷慨帮助,你便具有了生物因素调配而成的否定配方。

06 元认知

街道上的积雪成了全球气候并未变暖的初步证据。(政治话语的灾难性循环:一开始作为政治议题出现的观点最终成了隐藏层的大声呐喊。与之相反,一开始是对因果关系的误解最终变成了政治议题。)

正如心理感觉会影响我们的想法,如何看待心理感觉也会影响我们对心智的理解。你肯定曾经疑惑过在你离开的时候,你的宠物龟或鬣蜥蜴是否想念你。在看到两只鹅紧紧看护着自己的孩子时,你会猜测它们是否具有利他精神、同情心或自我牺牲精神,或者会认为它们是一夫一妻制的。不管是给你年幼的孩子解释他的玩具机器狗的情感,还是试图判断从临床上看已经无意识的家人是否还有一丝未被察觉的意识,最终我们总会根据我们的理解来赋予或否定其他事物的能动作用、意图和自我意识。

你是否觉得朝向太阳的植物是有意识且有目的地这样做的?如果不是,那又为什么不是?许多人会从最基本的假设开始解释——植物没有中枢神经系统,因此它们不可能具有目的和意图。朝向太阳完全是反射性的,是向光性的直接表现。但是如果上了年纪有些耳聋的姨妈靠向你,以便更好地听清你说的话,你会认为她的行为是有意识的。即使你怀疑这完全是习惯性的行为,你依然会赋予它一些意图和目的,尽管那是无意识层面的意图和目的。

如果IBM的超级计算机打败了国际象棋大师加里·卡斯帕罗夫(Gary Kasparov),我们并不认为计算机明白它在做什么,或者有能动感和目的感。它只是在执行程序员的意图。现在请想象采访一位以前打败过卡斯帕罗夫的不知名棋手。你问他是怎么打败了历史上最杰出的象棋大师。他耸耸肩膀说:"我研究并记住了有史以来所有的象棋比赛,然后进行成功概率的复杂计算,根据计算结果走出每一步棋。我对国际象棋一无所知。"你会相信他对国际象棋真的一无所知吗,或者你会怀疑他不诚实吗?

不论是形成有关心智的学术理论，还是思考功能性磁共振成像在心智解读方面的作用，我们的经历及对无意识心理感觉的理解都会形成我们独特的立场，从而影响我们对他人目前心理状态的认识。

为了对现实生活中的情况有一点了解，请想一想我们对动物心智的看法如何影响了我们对待它们的方式。

感知人类的独特性

尽管笛卡尔声称自己非常喜爱狗，但他却说狗完全没有意识，并且把狗描述为一种自动化的事物[4]。一旦你否认了动物的意识，那么距离认为狗体验不到疼痛和痛苦就只差一小步了。很难理解有一双眼睛或一丝同情心的人怎么能得出这样的结论，但是我们的医学训练中有一部分内容便是拿常常没有麻醉好的狗做生理实验。其中最糟糕的记忆是摘除动物收容所"捐献"的流浪动物的胰腺，这样我们便能亲眼见证手术造成的糖尿病如何使它们的生理功能逐渐衰退，直至死亡。它们蜷缩在笼子里呜咽的情景依然历历在目。它们眼中被出卖的神情令我退缩。

从亚里士多德那个时代开始，动物所感所知便一直是人们争论的主题。如今我们依然没有达成一致的意见，这一点完全可以理解，因为动物无法表述它们的感受，我们只能通过观察它们的行为来做出判断，而观察行为永远不会得到比目击者叙述更一致的意见。

迈克尔·加扎尼加（Michael Gazzaniga）在《人类的荣耀》[①]序中写道：

[①] 迈克尔·加扎尼加是当代伟大的思想家、认知神经科学之父，其著作《人类的荣耀》（*Human: The Science Behind What Makes Us Unique*）中文简体字版已由湛庐文化策划、北京联合出版公司出版。——编者注

06 元认知

"让我们从理解为什么人类是独一无二的来开始这趟旅程……尽管人和动物都是由同样的化学物质构成的，具有相同的生理反应，但我们与动物存在很大的不同。"迈克尔·加扎尼加是大脑研究领域受到普遍认可的先驱者，也是美国加州大学圣巴巴拉分校圣哲研究中心（Sage Center for the Study of the Mind）的主任[5]。他的核心主张是我们经历了生理上的转变，这就相当于相移，它使得冰和雾虽然具有化学上的相似性，但实体和形态完全不同。加扎尼加引用了"人类大脑、心智、社交、情绪、艺术、身心二元论以及意识"的本质来作为人类独特性的证据[6]。

大多数人非常相信进化生物学的基本原则。我们通常认为人类是从其他动物进化来的，而且不是唯一有眼睛、耳朵或痛觉神经纤维的生物。我们也不是唯一能够欣赏对称，表现出艺术性，而且具有成熟的社交技能的动物。然而，因为深信人类具有独特的自我，像加扎尼加这样的一流科学家宣称人类与其他动物具有本质区别。

或许加扎尼加在副书名中使用"独一无二"这个词只是为了满足出版商的营销需要，但在我看来，这个词具有略微的自我陶醉和"物种歧视"的意味。更糟糕的是，同样是这种独特感驱动了最极端的创世论观点。让我们来听一听萨拉·佩林（Sarah Palin）是怎么说的："我不相信有思想、有爱心的人类起源于鱼类，后来鱼类长出了腿，爬出了大海；或者起源于猴子，最终它们从树上荡了下来。"[7]

对创世论的反驳需要的并不是更多的科学证据。如果神经科学家能强调独特感像其他无意识心理感觉一样，会带给人虚幻的错觉，岂不是更明智的对策吗？只要心智领域的卓越学者觉得有义务告诉我们人类具有独特性的科学原因，他们便是在与敌人，也就是那些致力于推动反科学情绪的人为伍。

神经科学的"知"与"不知"

为了了解认识动物心智所固有的困难，让我们来看一看雄性园丁鸟复杂的求偶行为。观察园丁鸟的最佳地点是新几内亚和澳大利亚东部的热带雨林。园丁鸟形体的大小类似鸽子，雄鸟吸引雌鸟的方法不是通过华丽的羽毛或明快的叫声，而是用苔藓、嫩枝和树叶在地面上精心搭建出一个"凉亭"，还会用色彩鲜艳的羽毛、鹅卵石、浆果和贝壳等进行装饰[8]。最终的效果往往非常艳丽，就像精装修的单身公寓。我们如何解释这种行为取决于我们是相信园丁鸟在有意识地做展示、能够欣赏美并且想要进行艺术表达，还是只是根据先天的反射做出这些行为。无论认为这种行为是本能还是伎俩，这一论断都源自观察者头脑的判断，而非科学事实。

没有人会真的相信，为了避开有害刺激，阿米巴虫有意识地计算出了退避的最佳路线。当看到被放入沸水锅中的龙虾四处扑腾时，我们很可能更不会赞同这是龙虾有意识的行为。然而随着在进化阶梯上的攀升，这种判断变得越来越困难了。这些判断必然涉及更高等或更低劣的理念，比如我们比阿米巴虫更高等，但我们与海豚、鲸、鹦鹉相比又如何呢？我们对原始和高等的判断很大程度上取决于动物的行为有多接近人类的行为，以及我们的行为有多接近动物的行为。虽然园丁鸟不是毕加索，但如果它的目标是用某种美感来吸引雌鸟，那么园丁鸟应该被认为取得了艺术上的成功。如果园丁鸟戴着贝雷帽，那么我们对它的评判可能会非常不同。

动物权益倡导人兼哲学家彼得·辛格（Peter Singer）在他1990年出版的著作《动物解放》（*Animal Liberation*）中写道：

06 元认知

在感觉疼痛上，动物不同于人类吗？我们怎么知道？我们怎么知道人类或非人类会感受到疼痛？我们知道我们自己会感受到疼痛，这是从我们的直接体验中知道的，比如当有人把点燃的香烟按在我们手背上的时候我们便会感受到疼痛。但是我们怎么知道其他生物会感受到疼痛？我们无法直接体验到其他生物的疼痛，无论那个其他生物是我们最好的朋友还是一只流浪狗。疼痛是一种意识状态，一个"心智事件"，因此我们永远也观察不到它。扭动身体、尖叫或把手从香烟下面拿开等行为都不是疼痛本身，神经科学家也无法通过观察大脑来记录疼痛。疼痛是我们的感觉，我们只能通过各种外部迹象推断其他人也感受到了疼痛[9]。

如果对行为的观察（比如估计动物的疼痛）不够可靠，那么科学能够提供更适当的方法吗？美国新泽西州的神经科学家克雷格·约翰逊（Craig Johnson）对此持肯定态度。2009 年，他报告称"大脑信号已经显示在被屠宰时，小牛确实表现出感到了疼痛"[10]。约翰逊使用脑电图做出预测并因为这项研究而获了奖。以前对人类和其他哺乳类动物的研究显示，当被试受到疼痛刺激时会表现出特定的脑电图模式。为了避免动物感到任何不适，在切开小牛的喉咙前，约翰逊对它们实施了麻醉。正如他推测的，当小牛的喉咙被切开时，它们出现了典型的"疼痛电信号"。他得出结论：如果小牛是清醒的，它们会感受到疼痛。

基于脑电图研究的发现以及清醒的人类被试对临床疼痛的描述，约翰逊推测脑电图模式代表了疼痛的心理状态。但是把被麻醉动物的脑电图模式作为疼痛的无意识临床表现，显然毫无意义。因为疼痛是一种有意识的体验。想象两个人都同样磕到了脚趾头。其中一个人刚刚失了业，妻子也离开了他，他疼得大叫。另一个人刚听说自己中了超级大乐透，他甚至没有注意到自己磕了脚趾。信息输入是同样的，疼痛的神经也是相同的，但心理体验非常不同。约翰逊的研究是将大脑与心智相混淆的一个完美实例。知道在神经功能层面发生了什么并不等于我们知道动物正在感受到什么。

这项研究具有悲剧性的花絮之一是，研究者令人敬佩地试图用脑电图模式来让宗教领袖相信动物能够感受到疼痛。根据约翰逊的说法，研究结果并不令人吃惊，但"宗教界固执地认为动物感受不到任何疼痛，因此对他们来说，这个结果可能是令人吃惊的"。宗教屠宰场的发言人对该研究进行反驳时引用了德国汉诺威大学（University of Hannover）之前的一项研究。这项基于脑电图模式的研究得出结论，认为一种屠宰技术比另一种更人道[11]。认为通过解读脑电图模式便可以决定宰杀动物的方式是否人道的想法，无疑是信仰的巨大飞跃，是对动物内在生活的极大简化。

行为观察是不客观的，同时科学无法弥合心智与大脑的隔阂，这两种状况之间的冲突无助于找到合乎逻辑的解答。神经科学家可以进行更多的生理研究，哲学家也可以提供无穷无尽的假想实验，但没有任何无懈可击的方法能够解决主观性试图让自己变得客观的问题。

有意识心理状态的神经相关物正是造成神经科学领域中一些误解的关键，这些误解包括对意识的评估、对某些疼痛综合征原因的判定，以及认为能够对道德进行科学判定的主张。

叫板人工智能

如果轻视动物心智能力的历史是误解其他生物方面的一个教训，那么让我们看一看这个教训可以扩展到多远。从逻辑上来说，其极限可以达到对机器智能的思考，这是在对心智的程度进行概念化时不可避免的一步。

06 元认知

为此,我选择探讨现代人所关注的一个有趣问题:人类与计算机的关系。电影《2001:太空漫游》(2001: A Space Odyssey) 中的机器人哈尔(HAL)成了人类与机器不断发展的关系的代表。一些超级乐观主义者相信机器智能最终将远远超越人类的智能。而另一些人认为真正的智能机器人是对人类最独特性质的威胁,这一独特性质即人类的心智。

为了看一看我们与计算机有什么不同,每个人都需要确定如果计算机真的能够理解的话,那么它能够理解什么。第一步是就理解的操作性定义达成一致意见。任何认知过程都包含两个部分:真实的计算和感觉体验。感觉体验指的是一种理解感,它来自那些计算。这种关系并不像我们希望的那样简单直接。正确的计算不一定与理解感联系在一起。我们都曾有过这样的体验:在填写复杂的纳税申报单或重新配置并重启有故障的调制解调器时,我们付出了心智上的努力,但并不觉得我们理解自己正在做的事。不正确的计算往往会伴随着毫无根据的理解感,正如我们在邓宁 - 克鲁格效应中看到的。理解和智能思维并不是同义词,它们代表了截然不同的概念和机制。即使你的大脑找到了一个古老问题的最聪明绝顶的答案,但在神经元层面上,它依然只是一种计算。无意识的理解感是你感受大脑计算的方式。这种理解存在各种形式,有日常恍然大悟的"啊哈"时刻,也有一生一次的顿悟。

神经科学的"知"与"不知"
A Skeptic's Guide to the Mind

哲学家约翰·瑟尔(John Searle)在 1980 年发表了广受争议的假想实验——中文房间实验。通过这个实验,他解释了为什么人工智能并不代表理解。瑟尔想象一个只会说英语的人被锁在一个房间里。这个人会看到一套指导手册,手册告诉他如何加工中文输入信息,然后以中文输出回

应。由于他完全不懂中文，因此他的反应只是在照着指导手册去做（指导手册是英文的）。他既不理解输入，也不理解输出，但他能够恰当地完成任务。对于能够看懂中文的人来说，输出的反应很有意义，但对被锁在房间里的人来说，它们毫无意义。瑟尔的论点是，无论一个人能够多么准确地照着指令去做，产生看似有意义的反应，但如果他不理解反应的意义和语义，那么我们便不能说他理解了。在接下来的30多年里，哲学家提出了许多支持或反对瑟尔立场的论点[12]。

如果你认可理解是依赖于心理感觉系统的心智体验，那么计算机是否能够理解的谜题便会彻底消失。由于计算机没有人类的感觉系统，因此它们不应该存在理解，提出这个问题便完全是没有意义的。同时，计算机不能理解行为的意义，并没有解决机器的计算是否能够被算作智能思维的一种形式的问题。大多数人会赞同，在一点不懂调制解调器工作原理的情况下让出问题的调制解调器恢复工作，应该是利用智能解决问题的一个例子。而这个过程与恍然大悟或深切的理解感几乎没什么关系。

计算机有它自己的智能类型，这种智能的基础是它们积累的数据和反馈。我们想当然地认为它们的计算能力远远超过人类的计算能力，而且这些计算能力还将继续呈几何级数增长。我们没有经过足够多的讨论便认可了计算机能够打败最棒的象棋和西洋双陆棋选手，还能在电视智力竞赛节目《危险边缘》中获胜，并且能够通过建模对各种主题产生引人注目的洞见，比如关于游戏理论、气候改变和生态学[13]。不同之处在于这些计算的本质。如果没有感觉能力和相应的心理感觉系统，那么配备着最尖端人工智能程序的先进计算机也无法拥有构成人类智慧的许多要素，无法把这些要素纳入决策过程,这些要素包括同情、幽默、讽刺、公正感等。尽管计算机能生成令人叹为观止的星系图像以及宇宙的早期图像,但它无法感受到美和敬畏,也无法基于这些情感做出未来的决策。正是计算能力和人类独特的无意识心理感觉体验的结合使我们不同于计算机。

思维简图

为了总结本章内容,我把人在思考过程中涉及的心智相互作用的各个部分,即一个想法背后的隐藏层和潜意识因素画在了一幅简图中(见下图6-1)。这个简单的示意图并不是最终的结论,它只是组织我们对心智的看法的一种方式。我希望这幅图能够帮助我们综览那些思维构成元素,以确定哪些适合用科学方法进行探究,哪些最好通过其他学科来研究,哪些是不确定的。

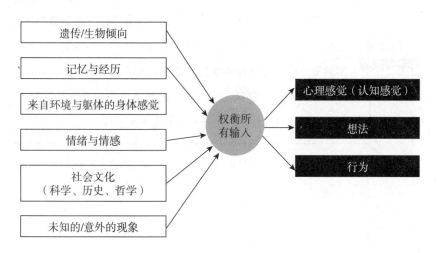

图 6-1 神经网络传输简图

在此对心理感觉作以下简要总结：

1. 自我的身体意识：感觉自我的范围、第一人称视角、心智位于什么地方以及自我周围的个人空间。

2. 自我与心智的心理特性：努力感、选择感、"我正在做……"的感觉、思考或推理的感觉、能动感、因果关系感、美感和知道感。每一种感觉都是一系列紧密相关的感觉的集合。例如，知道感包括确定感、确信感、正确感，以及那些提升知道感的感觉，如似曾相识感、熟悉感和真实感，还包括那些减弱知道感的感觉，比如陌生感、奇怪感、不真实感和不熟悉感。

有些感觉似乎就位于人脑中，很容易通过直接刺激脑区来激发，比如似曾相识感。有些感觉很复杂，很难定义，比如对美、优雅和对称的审美感觉。这些感觉更有可能广泛地分布在大脑中，甚至它们会是一些基本感觉的混合和匹配，如推理感来自能动感、自我意识和因果关系感。

台阶并不多，我数了很多次，但是我数不清。我不知道是应该把脚站在人行道上时数成1，把迈上第一个台阶时数成2，还是应该在人行道上时不数。我不确定哪里是开始，哪里是结束，这就是问题所在。

塞缪尔·贝克特
Samuel Beckett
《被驱逐的人》(*The Expelled*)

07

个体心智与群体思维

我想象着以下的情景：假如你是法官，在进行刑事审判。被告是一个18岁的男孩，他和5个朋友抢劫了一家杂货店。在抢完钱后，这6个人残忍地殴打了店主。店主是一位上了年纪的女性。被告已经认罪，他的律师在陈述可以使被告减轻刑罚的情节。你认为以下哪条解释最中肯？

1. 这起事件不是有预谋的，而是发生在量子层面的随机事件。我的当事人的电子出现了紊乱，引发了这起暴力攻击。

2. 我们进行了基因分析，我的当事人的基因会导致其暴力行为增加。

3. 功能性磁共振成像显示被告额叶的运动皮层活动减弱，这会引起我的当事人自控力下降，从而使其做出反社会行为的可能性增加。

4. 在承受压力时，被告脊髓液和血液中的催产素和血清素水平降低，这可能降低了他的共情水平。

5. 被告在领养家庭中长大，身体和心理曾经多次受到虐待。

6. 被告现在非常懊悔。他觉得当时好像是被别人引导着，不受自己控制了。他决不会故意伤害那位女士。

心智不是一个明确的实体，它是对各种不同层面现象进行描述的占位符。不同的心理现象源自不同类型的心理机制，而且它们没有明显的因果关系。我们如何评判他人的行为，取决于我们认为心智在哪个层面上发挥作用。有关构成人的原子运动的描述，无法告诉我们生物系统层面的原因和结果。而生物系统层面的信息对探究人的教养与发展因素，或者探究群体动力学的作用也没有任何帮助。目前还没有令人信服的科学理论能够将各个层面的解释统一在一起。由于没有对这些不同功能层之间因果关系的绝佳理解，我们只能依靠推测和个人描述了。

最后，你不得不依赖你的感觉去获悉被告实施抢劫和攻击时在想什么。为了这样做，你将插入自己对被告的评估，其中包括被告的自我意识、能动感、控制自己行为与想法的能力，以及能够在多大程度上抗拒同伴压力。在思考后者时，你的脑子里可能会出现各种场景，比如英国足球暴乱事件、纽伦堡纳粹大集会、《发条橙》中的暴力场面，或者你最喜欢的英雄抗拒命令拒绝射杀手无寸铁的平民的画面。

无论如何权衡这类证据，我们最终都会倾向于对群体行为进行心理学上的解释。我们似乎认为，个体行为会受到外部因素的影响，但严格来说，

07 个体心智与群体思维

外部影响并不是个体心智的组成部分。

> 我们不会觉得存在一种群体心智,而是在生物因素(有边界的自我意识、个体自主感和能动感)的驱使下,感觉到我们每个人都具有区别于其他人的独特心智。无论是判断假想的被告在多大程度上负有责任,还是纠结于道德困境——旁观者应该或能够做什么来阻止大屠杀,我们都不可避免地面临着这样一个问题,那就是在集体背景中我们保有了多少个体自主性。

如果心智是一个概念而非物质实体,那么在更大范围内思考心智是不是会更好呢?在探讨我们越来越依赖用机器(从手机到超级计算机)提升我们的思维能力时,聊一聊扩展的心智确实挺时髦。外部的"硬盘驱动器"是否应该被看成大脑的一个组成部分,这更像是一个语义上的问题,而不是真实的问题。在身体之外,而不是在大脑中存储记忆使得"硬盘驱动器"显然成了我们记忆系统的一部分。但是这类机器更像是心智的附属物,而不是它固有的部分,就像拐杖是辅助行走的工具,但人们不会认为它是大脑运动系统的一部分,即使它已经成了胳膊的表征地图的一部分(就像教猴子使用工具的实验中的情况)。

我提出的问题更具基础性。如果个体心智具有大脑细胞所不能解释的涌现特性,那么这种更高层的属性是否有可能来自个体心智的群体行为呢?更明确地说就是,如果群体动力学具有一种固有的生物成分,它使得个体心智的概念变得不准确或不完整了,那会怎样呢?

进化生物学的一个本质特点是,成功的适应性有可能跨物种蔓延,只要它具有生物学上的实用性。毫无疑问,进化出来的心脏和肺是为有机体提供氧气的有效方法，因此毫不奇怪的是，动物王国中的许多动物都具有类似的循环系统。同样，我们逐渐注意到了其他物种的群体行为，即使是那些只有很少或几乎没有神经结构以产生智能的物种，比如蚂蚁指挥交通和白蚁修建复杂的蚁穴城堡。如果这类行为源于群体的而非个体的生物系统，那么这种适应性特点——群体行为，就应该广泛分布在各个物种中，由此认为人类可能具有群体行为难道不是合情合理的吗？

我们通常认为自己拥有个体心智，环境会对其发生作用。从猴子使用工具的实验到橡胶手错觉实验，我们都能看到环境改变了大脑的生理结构。但是，来自大自然的例子表明即使在不存在个体心智的情况下，仍可能出现群体心智。接下来的讨论不是为了支持新时代哲学或先验哲学。令我着迷的是，有朝一日，在其他物种群体行为的证据的基础上，独立的个体心智的理念会像"地球是平的"这一观点以及"地心说"一样被摒弃。

证据1：黏菌走迷宫

介于植物与动物之间存在一种单细胞微生物，即黏菌，它们能够互相融合，形成一个更大的有机体[1]。当食物供给充足时，黏菌会独自生长。当食物稀缺时，黏菌们则会合并成一团像变形虫似的巨大的有机体，其寻找食物的能力因此便大大提高。对这种现象的解释是现代生物学的伟大洞见之一。史蒂文·约翰逊（Steven Johnson）在他有关层创进化的书中写道："一些科学家在试图理解那些用相对简单的成分构建高层次智能的系统。对他们来说，某一天黏菌的作用会像达尔文在加拉帕戈斯群岛上发现的雀类和海龟一样重要。"[2]

50多年来，科学家一直知道，单个黏菌细胞能够通过释放一种化学物质——环腺苷酸（cAMP），来互相沟通。一开始时，科学家认为黏菌体内存在一些细胞主要负责这个过程，它们的作用如同"起搏器"，就像人体的心脏中某些细胞控制着所有细胞的收缩速度。但是科学家没有在黏菌中发现这种"起搏器"细胞,所有的黏菌细胞都是可以相互替代的。起搏器理论最终被摒弃了,后来,科学家普遍认为这是一种自下而上、没人主管的自然行为。科学家们在50多年的研究中涉及多个学科,从数学、计算机科学,到胚胎学和物理学,最后,黏菌成了没有神经系统、没有智能的有机体产生"聪明的"群体行为的典范。

有人会提出,寻找食物很难说是有智慧的行为。那么,在森林中蜿蜒滑行的这样一团像变形虫一样的物质具有怎样的智能呢?这些年来人们发现,为了找到食物,黏菌能应对复杂的迷宫[3]。它把自己管状的腿(伪足)构成的网络伸展出去,同时探索各条路线,直到找到最佳路线。为了进一步研究它解决问题的能力,两位比利时研究者对黏菌进行了一个简单的测试。他们用琼脂做出了英国的地形图,然后用燕麦麸(实验显示黏菌好像非常喜欢燕麦麸)代表9个最受欢迎的"城市",不包括伦敦。在"伦敦"的位置,研究者放入了黏菌菌群,并记录这个菌群的觅食活动。一天之内,黏菌便用伸展出去的"腿"连接到了各个燕麦麸"城市",模拟了英国现有的城市间公路网络[4]。事实上,这个"没有头脑的生物"能够准确地判断出抵达分散在各处的燕麦麸的最短、最有效路径,它们像工程师一样找到了最佳路线。研究者说:"这显示了没有神经系统(也就没有传统意义上的智能)的单细胞生物如何能在路线问题上提供有效的解决方案。"[5]

中垣俊之(Toshiyuki Nakagaki)是黏菌走迷宫方面的专家,他用东京及其周围地区的地形图复制了这项研究,用燕麦麸代表东京地区的36座城市,然后把黏菌放在"东京都"的位置上。黏菌准确地再造了当地的铁路系统。通过计算,中垣认为解决这类问题的难度,相当于人类骑自行车时为保持平衡而必须应对的数学复杂度。当被问及他是否认为黏菌具有智能时,中垣俊之没有正面回答这个问题,而是说这完全取决于你怎么定义智能。[6]

证据2：蝗虫觅食

引出在群体环境中什么是"心智"这个问题的第二个例子是蝗虫的自发性群体行为。蝗虫主要生活在干燥地区，通常过着孤立的、相对不爱社交的生活。它们羞于和其他蝗虫交往，靠有限的植物为生。然而当雨季来临，食物变得更加充裕时，它们会繁衍后代，数量迅速增加。只要食物充足，蝗虫便会继续离群索居。当雨季结束，大地变得干旱时，饥饿的蝗虫就会聚集在残留有植物的地区，而这样的地区已经减少了很多。紧密的交往促使蝗虫的行为发生了急剧的变化。它们开始一起行进，主动寻找其他蝗虫为伴。很快，它们会吃掉所见的任何食物，包括彼此。仅仅几个小时，蝗虫便从不喜交往、挑剔的素食者变成了成群结队四处打劫、自相残杀的饕餮客。学术界把这种转变后的蝗虫称为"群居型"，这可能是因为联想到人类自己而进行的保守性描述。

澳大利亚的研究者把一群沙漠蝗虫放在几平方英尺的封闭空间中，发现了蝗虫发生改变的临界点。当密度比较低时，蝗虫毫无组织，各行其是。当蝗虫的数量达到10~25只时，它们会更靠近彼此，但依然没有组织。但是当封闭空间中的蝗虫数量达到大约30只时，它们很快便会发生一系列非同寻常的生理改变。它们的腿部肌肉开始增大，并与附近的蝗虫一起行进。它们大脑的体积大约增加了30%，并且发生了根本性的重组：独自寻找食物所必需的视觉加工区域减小，而为适应群体觅食的需要，进行高级视觉加工的脑区增大了[7]。鉴于这些改变如此显著，难怪直到20世纪20年代，人们一直把散居型蝗虫和群居型蝗虫看成两个不同的物种。

10年前，研究者发现，轻抚蝗虫后腿上的毛能够引发它们从散居到群居的行为改变。当蝗虫彼此亲近时，也会用后腿与其他蝗虫进行交流。最近研究者发现，刺激这些毛会使蝗虫大脑突然释放出大量5-羟色胺，是散居型蝗虫5-羟色胺水平的3倍。5-羟色胺是一种作用强大的神经递质，它

07 个体心智与群体思维

影响着许多大脑功能外，包括调节情绪、愤怒感、攻击性和食欲。阻止 5-羟色胺发挥作用便能阻止蝗虫集结成群；给喜欢独居的蝗虫注入 5-羟色胺，就能把它们变为成群结队的怪物。剑桥大学主要研究者马尔科姆·巴罗斯（Malcolm Burrows）说："沙漠蝗虫是一种不喜交往的孤僻生物，但是给它们一点点 5-羟色胺，它们就能成帮结伙了。"[8]

想象这样一幅连环漫画。一对蝗虫夫妇边吃晚餐边聊天，丈夫刚刚发生了转变。"你怎么啦？"妻子问，"你以前一直是一个含蓄、有思想、有环保意识的素食主义者，现在看看你……甚至连你的颜色也变了，我都不认识你了！"丈夫耸耸肩，闪过一丝痛悔的神情。还没等它开口回答，它的注意力便被窗外盘旋的一大群蝗虫吸引了。它站起来，开始向门口走去。"我会晚点回家，别等我睡觉了。"在下一幅图中，蝗虫太太站在窗前，看着自己的丈夫加入了蝗虫群。在最后一幅图中，蝗虫太太打开窗户对丈夫大喊："等等，我也去！我改变主意了。"

人类社会的群体思维

我们通常认为蝗虫不具有成熟的心智，也不是自主的个体，因此不会为蝗虫的心智是否只限于个体的问题感到困扰。我们很容易接受生活区域过度拥挤能够造成蝗虫大脑的重构和重组这一观点。如果这能让我们对人类族群的行为有一些认识，那会是什么认识呢？学校兄弟会虐待新人的做法、卢旺达的种族大屠杀、阿布格莱布监狱的虐囚事件，以及越南美莱村大屠杀背后是否都存在类似的生物影响呢？心理学便足以解释这些事件吗？我们讨厌拥挤，我们能够强烈地感受到自己遭到了侵犯，或者吵闹的背景噪声令人烦躁。

普林斯顿大学兼牛津大学的数学生物学家伊恩·库赞（Ian Couzin）在实验室中发现了人类群集的行为证据，不过他把人类称为二流的群集者[9]。

另外,基于对各个物种群集行为的数学建模,他发现了单个脑细胞具有类似的行为。他以基本的知觉,即大脑如何理解来自眼睛的大量信号为例,提出了一个问题:"你的大脑如何理解这些信息并对你正在看到什么做出群体决定?"对他来说,这个问题的答案在于细胞层面的内群体,细胞间的沟通方式类似于蝗虫之间的互动[10]。

在实验室研究中我们只是二流的群集者,这不足为奇。我们显然缺乏易于证明的群集行为,但这并不代表我们与蝗虫的大脑功能存在根本性差异,而是反映了我们能够在某种程度上有意识地控制一些生物现象。蝗虫的大脑隐藏层中不太可能存在强烈反对嗜食同类和大肆破坏的文化与道德偏见。较低生命形式中发生的群体生物学改变,更有可能与最终行为存在直接的相关性。随着神经系统复杂性的增强和自我意识的出现,根深蒂固的道德、社会性、文化价值观,以及反抗本能的有意识决定,都会使得群体生物学改变所带来的行为效应变得更难预测(假如说我们有能力减弱自己的固有倾向的话)。

神经科学的"知"与"不知"

鉴于人类行为极其复杂,而且群体层面的生物学改变与个体行为之间没有准确的相关性,证明人类"群体心智"的生物学基础确实令人望而却步。例如,假设你想研究青少年观看暴力电视节目是否会增加其打架的发生率。你区分了控制组和研究组,让控制组被试不看电视,研究组被试每天晚上看三个小时的武术节目,即反复播放《布朗森》(*Bronson*)、《十三号星期五》(*Friday the 13th*)和《得州电锯杀人狂》(*The Texas Chainsaw Massacre*)。三个月后你发现两组被试的打架发生率一样。你能否得出结论说,电视暴力没有任何影响？你可以反驳说，不能看电视节目本身激怒了控制组的被试，所以两个组都出现了更多的争执。除非我们完全理解了影响行为的所有变量以及它们之间的相互关系，否则我们无法确定所谓的控制组真的是中性的，还是受到了我们没有想到、没有认识到的偏差的影响。鉴于在对复杂行为的研究中，存在无法确定理想的控制组这一固有的问题，难怪行为研究依然是一门不周密的科学。

我想我们都至少曾经有过一次类似蝗虫的经历。想象你坐在满席的体育馆或电影院里，比赛或电影已经结束，你开始向出口走去。你只能看到眼前几英尺的位置，紧跟着前面的人。你什么也没想，随着人流一小步一小步地向出口方向蹭。对于步幅的改变，你没有多想，因为迈小步是向前走同时又不踩到别人的唯一方法。基于你的能动感，你觉得自己在有意识地改变着步态。但是你怎么知道这是你的选择，还是群体心智的结果呢？

思考一下诸如跟着音乐的节奏敲击这样简单的事情。当你自己敲击出节奏时，你能感觉到自己在控制着它，也在跟随着乐队的节拍。如果你在人群中和其他人一起拍手，你对自己愿意拍手这件事毋庸置疑——没有人在拽着你的手，同时你也感到自己的节奏是群体节奏的一部分。人们曾经以为，理解这种群体行为的最佳方式是，把它看成有一位发起者或领导者，其他人跟随着并"保持同步"（起搏器理论）。

为了检验这样的假设，神经科学家克里斯·弗里思和同事让被试两两一组，试着一起敲击出简单的节拍。每个被试都戴着耳机，这样他能够听到对方的敲击声,但听不到自己的。在这种情况下,没有领导者,两个被试都在不断调整自己的敲击,保持与对方合拍。两个被试之间的不断调适(而不是一个跟随另一个)可以被看成两位一流的爵士音乐人在即兴演奏。没有领导者,也没有追随者,没有个体的能动作用,只有一个统一体中两个不断互动的成员。弗里思相信,这两个人应该被视为一个复杂的系统,而不是两个在进行互动的系统。他们两个人的大脑形成了一个正在运转的复杂的部件[11]。

当研究者对这类同步化研究中的被试进行访谈时,他们所描述的能动程度差异很大,有的人说自己完全失去了控制,有的人说能够很好地控制自己的敲击节奏。另外,有些人说觉得自己被群体所控制着,而另一些人觉得自己与对方在共享控制权[12]。在前文中我们看到,个体能动感的改变会伴随着心理疾病的发生,比如精神分裂症。另外,能动感的改变也可以由暗示引发,比如催眠。同步化只是说明,像大家一起拍手这样简单的行为也能够改变个体的控制感。不难猜想这种现象可能普遍存在,它常被用于群体操纵。观察拉拉队队长让全场观众欢腾起来、军官喊行军口令或杰出的演说家进行动员的场面,你会发现让人们像着了魔似地跟随某人的节奏和韵律是多么容易。

社会影响不仅能影响能动感,也能影响其他心理感觉。多项功能性磁共振成像研究发现,当我们想到自己或产生关于自己的心理表象时,腹内侧前额叶皮层的活动会增强。对西方人来说,这个区域主要在呈现有关自己的词语和图像,或在想到自己时会被激活。而对中国人和日本人来说,当想到家庭成员,尤其是母亲时,或者当研究者给他们呈现有关家庭成员的信息或图像时,这部分脑区也会被激活。这就好像自我意识至少是功能性磁共振成像所显示的自我意识,会因文化而改变。我们对这一发现的解释方式本身便是大脑回路可能受到了文化影响的体现。西方人可能会采用弗洛伊德学派的解释，指责做"妈妈的大宝贝"的行为。而在亚洲人眼里，这会被视为孝顺和尊重传统的证据。

神经科学的"知"与"不知"

为了看一看这个发现对双重文化中的被试有什么作用，研究者让来自中国香港的被试先沉浸在西方或东方文化中，然后再进行测试。首先，研究者给被试呈现了各个领域的西方文化图像，比如食物、饮料、音乐、艺术、电影明星、宗教、传说、民俗和著名的历史遗迹。每张图像呈现10秒钟，然后给被试呈现有关他们自己和亲人的信息或图像，并对他们进行功能性磁共振扫描。接着，第二天他们会接受类似的事先准备，不过这次采用的是象征东方文化的图像。

实验结果是，基于事先被呈现的是西方文化图像还是东方文化图像，被试的自我意识呈现出显著的差异。当东方人事先看到西方文化的图像时，他们的自我意识会只限于自己。当研究者事先给他们呈现东方文化的图像时，他们的自我意识会扩展到其他人。对有些被试来说，这种扩展不仅囊括了与他们关系亲密的人，甚至还包括了处于权威地位但与他们无关的人，比如他们的老板。总之，根据研究者的说法，人的自我意识的神经基础会受到文化启动的影响[13]。

我们的确定感也会被文化影响。请看图7-1的缪氏图形（Müller-Lyer illusion），观察上面的线和下面的线是否一样长。即使你通过测量知道它们一样长，也依然很难放弃下面的线更长的想法。近年来，我运用缪氏错觉理论证明了两条线一样长的智能理解与认为两条线不一样长的感觉是分离的。对我来说，这个论点证明了知道感与智能理解是相分离的。我从不认为这种由基础视觉感知产生的认知不协调可能具有文化根源。然而在2010年时，心理学家约瑟夫·海因里希（Joseph Heinrich）领导的英属哥伦比亚大学的研究团队发现，受不同文化影响的人对这个错觉有不同的感知。

图 7-1　缪氏图形

海因里希的团队把这幅图展示给来自 16 个不同社会群体的成员，其中有 14 个小规模社群，比如非洲土著部落。为了解不同群体成员的错觉的严重程度，被试需要确定为了让两条线一样长，"较短的"线需要延长多少①。通过测量被试的答案，研究者便能够知道不同群体之间的差异了。美国大学本科生认为需要将"较短的线延长 20% 才能让两条线感觉起来一样长，这也是所有被试中错觉量最大的，其次是从约翰内斯堡抽取的南非籍欧洲人。另一个极端是卡拉哈里沙漠部落的桑族人，在桑族人看来，这两条线一样长，不需要进行调整，因为他们没有产生错觉。研究发起者总结道："这说明即使像视觉感知这样很基本的过程，也存在着跨人口的显著差异。如果视觉感知可以各不相同，那么还有什么心理过程是我们能肯定没有差异的呢？"[14]

海因里希和他的同事对整个心理学领域提出了挑战，他们得出了一些非常令人不安的结论。终生生活在工业化、民主、富足的社会中，且受过教育的西方人在各种实验中与其他社会成员的反应都不相同，这些实验的

---

① 关于这个错觉测试，你可以在以下网址找到：http://www.michaelbach.de/ot/sze_muelue/index.html。

内容包括对公平感的测量、对反社会行为的惩罚与团结合作，还包括关于视错觉、个人主义与服从。"在行为科学的许多重要领域中，生活在工业化、民主、富足社会中且受过教育的西方人的测试结果常常为异常值。这个事实使他们成了最不适合将研究成果推广到整个人类的亚种群之一。"研究者发现，96%的行为科学实验被试都来自西方工业化国家，虽然这些国家的人口只占世界人口的12%，而且其中68%的被试是美国人。

弗吉尼亚大学心理学家乔纳森·海特（Jonathan Haidt）[①]是海因里希的论文审阅人，他说海因里希的研究"证实了许多研究者一直以来都知道但不想承认的事情，因为它可能带来令人讨厌的结果"[15]。海因里希觉得，许多行为心理学的研究必须在更广泛的文化群体中重做（这是令人望而生畏的提议），或者我们必须认识到，那些发现只适用于受过教育且富有的西方人。

具有普遍适用性的、有关人类本质的科学研究成果，应该独立于地区、文化因素，独立于任何外部影响。是的，这类研究的先决条件之一是，在各种情境和条件下检验其物理原理。但是我们对人类行为的许多信念和知识却来自对一小部分世界人口的研究。我们已经知道这部分人口在各种领域中都和其他人群具有不同的看法，比如公平、道德选择，甚至我们如何看待分享[16]。对此我们通常的反应是进行指责和辩解（如说把本科生作为被试既便宜又容易等），如果超越这些反应，我们便回到了那个反复出现的问题上，即独立的心智自己决定着应该如何研究自己。

认为心智根据普遍原则来运作的观点，反映了我们研究生物系统的通常方式。为了了解人体解剖结构，我们会尽可能彻底地分解一具尸体，从中获得对人类解剖结构的概括性认识。尽管我们知道存在着个体差异，但

[①] 作为全球百大思想家、道德心理学的革命者，乔纳森·海特著有畅销书《象与骑象人》和《正义之心》，这两本书的中文简体字版已由湛庐文化策划、浙江人民出版社出版。——编者注

还是把它们看成一般原则的例外情况。我们自然也会以这种具有误导性的方式研究心智。

要想避免这种从个别推导出一般的倾向，我们应把有关心智的观点细分成经验性类别（我们如何感受及体验心智）和概念性类别（我们如何思考、描述并解释心智是什么）。我们在个体层面上所感受到的经验性的心智概念，不应该与更高层次上的群体或扩展心智的概念相混淆。

在前文中我引用了约翰·瑟尔对扩展心智的排斥，他认为这不符合常识。这一论点中的混乱，源自他依靠个人经验中的常识来形成自己对心智的观点。毕竟，常识只是对熟悉和正确的强烈感觉，并不能保证其准确性。我怀疑常识是大多数人的默认立场。对扩展心智或群体心智进行概念化时所面临的一个问题是，我们缺乏适当的心理表象来抵消明显的个体心理感觉。

一个可能的解决方法是，把心智看成细胞间沟通的一种扩展。在物理化学层面上，脑细胞通过释放各种神经递质来进行通信，这些神经递质能够刺激其他脑细胞中的受体。这个概念是我们理解大脑工作原理的基础。从实用的角度看，神经递质流就是信息流，每时每刻我们的想法和行为都是传递到大脑受体中的许许多多输入的总和。这个通用图式适用于所有的传入信息。当我们听收音机里的新闻时，信息被打包并随着无线电波传递，我们的耳朵和听觉系统就发挥着受体的作用。

从概念上看，当一个想法在纯物理化学的大脑中产生，并存在于更高层次上时，其中包含的是信息加工，而不是神经化学物质。让我们把更高层次上的心智活动（信息加工）看作通过接收器（比喻意义的）发挥的功

07 个体心智与群体思维

能。传入数据"刺激"了大脑中的接收器,大脑接收传入信息并进行加工。假设我们计划去火星度假,我们可以在谷歌上搜索飞船的时间并物色最棒的景点。信息以数据的形式存在于谷歌的服务器上,它被投射到碟状卫星信号接收器上,然后被传送到你家的无线网络,进入你的计算机,在计算机中信息被转换为光学图像,来到了你的视网膜。沿着这个物理化学维度,我们能够准确地追踪并分析信息的运动。

尽管我们很了解信息传递的机制,并且越来越清楚信息是如何被保存在大脑中的,但是很不幸,我们忽视了在物质层面上信息是什么这个问题。整个信息理论领域正苦苦地探索着这个本质性的谜题。在接下来的思想层面上,形而上学者主张存在着柏拉图式的理想、基本真理以及道德法则——真理存在于物理维度之外[17]。

对于各种物理性质来说,这个问题很普遍。以"万有引力"为例,我们可以用精确的数学方法来描述万有引力的行为,但没人知道万有引力是什么,它以什么状态存在着。目前我们只能通过引力的作用来了解它,但无法对它进行直接观察。量子理论家提出,万有引力代表着某种尚未被发现的亚原子粒子。爱因斯坦认为,万有引力是时空结构的整体性质。不考虑万有引力有朝一日会是什么,也不考虑我们是否能在"是什么"的基本层面上揭开它的奥秘,对于它所产生的影响,我们都不会有异议。与之类似,各种更高层面上的现象,比如文化价值观和群体动力学,显然引发了大脑生物化学和结构上的改变。毫无疑问,信息会影响我们如何思考,甚至会影响大脑的结构。

一旦我们将概念性心智看作接收信息,天空便不再是极限。复杂性理论学家告诉我们,东京一只蝴蝶扇动翅膀会引发廷巴克图的沙暴。量子物理学家为量子纠缠摇鼓助威,所谓量子纠缠是指,位于宇宙两端的电子之间存在可测量的相互作用[18]。脑细胞的群体似乎有它们自己的量子纠缠方式,或者正如爱因斯坦所说的"幽灵般的远距离行为"。这促使某些神经科学家相信,量子纠缠或许可以解释我们的头脑是如何将来自不同感官的体验整合在一段记忆中的[19]。如果量子纠缠可以成为一个严肃的思考方向,那么"幽灵般的远距离行为"或许也可以应用于信息影响个体心智的能力,无论信息存在于哪里。

我们每个人都必须找到自己的方法,以平衡两种截然分开的认识心智的方法。在阅读了以上的段落后,你仍会强烈地感到,在你的自我意识范围内存在着个体心智,并且它被赋予了推理因果关系的力量。然而,科学上对心智的操作性理解,要求我们认可更高层次的心智活动,比如对远远超出个人大脑与身体以外的信息的接收。

或许以上论述听起来像令人沮丧的语义学练习。世界上发生的任何事情依然会由大脑中的物质改变所证实。但是把我们的探究局限于个体心智,便是将我们对心智的研究局限于个体影响。设想我们要研究距离将会如何影响神经回路。那什么样的实验设计是好的实验设计?让一组被试在相邻的功能性磁共振成像扫描仪上接受扫描,并同时问他们问题,这是一种合理的实验设计吗?那么给他们展示表现过度拥挤的图片呢?如果采用对蝗虫进行现场研究时所采用的方法,那会怎么样?除非蝗虫彼此很接近,否则我们便看不到拥挤所引发的生物学改变。如果我们研究短时间独处的个人,比如单独对被试进行扫描(而不是和别人紧挨着一起扫描),那么由此获得的对共情的理解有多大的准确性呢?如果有关启动的研究是正确的,那么在认知测试中,刚上完西方文明课程或亚洲研究课程的二元文化学生,应该会表现出显著不同的功能性磁共振成像反应。思考一下,因为前一个晚上一名被试看了李小龙的电影,而另一名被试看了詹姆斯·邦德的电影,他们的反应会有怎样的不同。不可否认，在解释研究结果时我们需要非常谨慎。

很难想象如何能实现真正中性的、控制良好的功能性磁共振成像研究，其中排除了所有这类难以捉摸的混淆变量。为了达到这个目的，我们必须知道各种早已存在的活动对大脑功能的各个方面所具有的各种影响，这是一项涉及范围大得不可思议的任务。如果我们想研究群体行为、文化偏见或集体狂热这类现象，更可取的做法是，在尽可能大的背景中进行研究，而不是坚持在我们的控制下对个体心智进行研究。当经验性心智在大脑中讲述着它个人的故事，唱着它独特的歌曲时，概念性心智的接收器已经远远地伸到了宇宙的角落。

疯狂的推测

自从读到了关于黏菌走迷宫的能力后，我的脑子里便盘旋着这样的想法：人类智能或许也存在着生物性的群体组成部分。当看到一群鸟在空中表演，或一群鲸拍打水面围猎它们的午餐时，我不禁会想，类似的机制是否也适用于党派政治、企业的群体言论、群体一致以及不愿考虑新观点，甚至是否适用于第二次世界大战中抵抗团体的英勇行为。除非我们真的不同于其他动物，否则我们可能也拥有类似的生物机制。同时，这些机制不太可能恰好被塞入对人类某些行为的精确解释中。如果我们发现摇滚音乐使观众大脑中的 5-羟色胺水平升高了，我们还会去思索其背后的原因。

人类神经系统和经历的复杂性，不允许我们用极其简单的方法来排除可能的原因。正如我们在有关电视暴力的讨论中看到的那样，人类不同于单细胞的黏菌，也不同于大脑很小的蝗虫，人类无法仅靠操纵单个变量便准确地描述自己的行为。即使我们发现轻抚自己腿上的毛时 5-羟色胺水平升高了，我们也无法判断是不是轻抚提高了 5-羟色胺的水平。或许是轻抚被试的腿让他们感到很痒，或者触发了他们美好的回忆，从而导致了5-羟色胺水平升高。

冒着被人视为虚无主义者的风险，我不得不提一下研究群体行为的生物学基础时另一个重大的不利条件：我们缺乏在细胞层面上的有关大脑功能的知识。200多年前我们便知道脑细胞主要有两种类型：进行思考的神经元和其他"物质"。后一种脑细胞，即胶质细胞（源自希腊语"胶水"，因为长期以来人们都认为这类细胞的作用是把大脑粘在一起）有若干种类。其中一类是少突胶质细胞，它负责产生神经纤维周围的髓鞘。另一种是星形胶质细胞，它参与神经功能，为大脑提供营养，调节细胞，甚至控制大脑微循环中的血管。直到不久前，人们还普遍认为神经元形成思想，而胶质细胞是支持性细胞，为神经元提供营养。不过这种对于胶质细胞的认识可能正在经历巨大的修正。

神经科学的"知"与"不知"

19世纪末，西班牙神经科学家、诺贝尔奖获得者圣地亚哥·拉蒙-卡哈尔（Santiago Ramón y Cajal）发明了一种巧妙的染色技术，以此我们便能够对神经元及其相互作用进行细致的观察了。拉蒙-卡哈尔被许多人奉为现代神经科学之父，被世人普遍认可的神经元学说，即神经元产生了我们的思想，便源于他的研究。20世纪30年代的技术发展进一步巩固了这个学说：乌贼的轴突足够巨大，可以用细胞内记录电极进行研究。到20世纪40年代中期，英国科学家艾伦·霍奇金（Alan Hodgkin）和安德鲁·赫胥黎（Andrew Huxley）确定了神经冲动传递的性质——动作电位沿着神经运行，导致神经递质被释放到突触间隙中。他们

> 因为这项研究也获得了诺贝尔奖,这项研究是我们理解神经系统的基础。

同时,尽管胶质细胞占成年哺乳动物大脑体积的一半,至少像神经元一样数量丰富,但人们对它的研究却很少。对胶质细胞的研究相对困难,因此它们依然处于神经科学的外围。直到20世纪60年代,神经科学家发现星形胶质细胞中也存在动作电位。后来又发现神经元和星形胶质细胞都能对神经递质做出反应,并且都能释放神经递质。最近的研究发现,星形胶质细胞还能产生钙波,钙波蔓延的区域比星形胶质细胞的范围大100倍。尽管星形胶质细胞没有自己的突触,但它们的终板有很大一部分非常接近神经元的突触(每个星形胶质细胞大约有30 000个终板)。它们具有了所有能够影响神经传递的特征。但是它们能够产生认知,或者它们有助于认知吗?

对此,我们目前还没有结论。有些专家认为它们在认知中不发挥任何作用。有些专家则相信星形胶质细胞发挥了一些作用,但不能确定作用的程度。有些专家还在举棋不定。2008年,北卡罗来纳大学的研究者肯·麦卡锡(Ken McCarthy)写道:"星形胶质细胞可能是大脑信息加工的积极参与者。"[20] 一年后,他的实验没有发现具有说服力的、能够证明胶质细胞对神经元有作用的证据,这使得麦卡锡开始质疑自己的观点。胶质细胞真的是产生思维的重要因素吗?在最近《科学美国人》的采访中,威斯康星大学的神经科学家安德鲁·科布(Andrew Koob)说:"星形胶质细胞控制着神经元,而不是反过来。""星形胶质细胞显然参与了皮层中的大脑加工过程,但主要问题在于,我们的思想和想象是源于星形胶质细胞与神经元的合作,还是只源于星形胶质细胞?"[21]

大小真的很重要吗

为了支持自己的论点,科布借助了有关脑细胞密度的神经解剖学研究。20 世纪 60 年代,人们估计胶质细胞占了脑细胞的近 90%。科布引用这个观察数据来解释为什么我们以为自己仅使用了大脑的 10%。人们倾向于认为数量多、体积大的事物更重要,比如"越大越好""多多益善",因此科布隐含的论点是,既然胶质细胞的数量更多,那么它们更有可能发挥着重要的作用,而不只是起到支持作用。但是关于细胞数量的研究前后出入很大。较早的研究显示胶质细胞的数量是神经元数量的 50 倍[22]。但新技术带来了新结果。在 2009 年科布接受《科学美国人》采访前 6 个月,一项研究发现神经元和胶质细胞的数量比例接近 1∶1[23]。

细胞数量的多变性也适用于神经元。对大脑中神经元总数的估计差异很显著,从 100 亿到 1 兆的都有[24]。在如今这个技术先进到可以破译人类基因组的时代,我们竟然无法准确地知道脑细胞的数量,这确实有点奇怪。而且不同的技术会得出不同的结果。很难确定目前得到的这些数值是否经得起时间的检验。

按照瑞士研究者安德烈·沃尔泰拉(Andrea Volterra)的说法:"如果胶质细胞参与了信号发送,这就说明大脑中的信息加工过程的复杂程度远远超出了我们之前的预期,那么长期聚焦于神经元的神经科学家们便不得不进行全盘修订了。"[25] 不过这里存在一个障碍,目前不仅没有结论,而且进一步的研究也陷入了僵局。没有人能想出一种有可能带来决定性解决方案的实验方法。在 2010 年《自然》杂志的评论文章中,伦敦大学的神经生物学家戴维·阿特维尔(David Attwell)写道:"根本没有简单明了的实验,否则我就去做了……大多数其他人也会去做。"[26]

试着想出一个能得到明确结果的实验。假设我们想知道如果没有胶质细胞，思维的性质会是怎样的。由于胶质细胞是神经功能不可分割的一部分，因此不可能设计出一个阻止神经胶质细胞活性的人类实验。没有胶质细胞，神经元便无法正常工作。即使是选择性地阻止一部分胶质细胞发挥功能，也会引发相同的问题。例如，如果是胶质细胞产生了思想，而神经元是这些想法的信使，那么我们会什么也观察不到，得不出什么结论。另外，目前我们还没有办法知道一群胶质细胞会出现什么涌现特征。事实上，我们不得不创造一个只是由胶质细胞构成的大脑，将它与身体连接在一起，试着研究它的功能。

在我看来，胶质细胞与神经元的故事对我们最重要的启示是，科学方法在生成假设上起到了重要的作用。在很大程度上，正是由于神经元比较容易通过实验方法来研究，因此我们普遍相信神经元是认知的主要来源。虽然存在另外一种较难研究的大脑细胞，在其数量、体积及解剖分布上与神经元不相上下，但科学工作者在很大程度上忽视了对它的研究。如果胶质细胞比神经元更容易研究，我们对于大脑如何产生思维的问题可能就会有完全不同的理解。

美国罗切斯特大学（University of Rochester）的神经胶质生物学家麦肯·内德高（Maiken Nedergaard）将研究神经胶质细胞的困难归因于文化偏差，他说："整个领域都是在以神经元为中心的实验室中接受训练的，到目前为止，每个人都相信星形胶质细胞的作用类似于神经元。但是星形胶质细胞的功能完全不同。它们使用的是不同的语言，采用不同的方法进行输入和输出。它们发挥功能的时间表可能也与神经元的完全不同。"[27]

我们对大脑如何产生思维的观点源自我们的研究工具。我之所以提出神经胶质传递这一主题，是因为它对关于思想是如何产生的，以及大脑是如何工作的观点的发展，提出了一个严肃的问题。我不知道神经胶质传递最终是否会被证明是重要的。更糟糕的是，鉴于许多专家的诚实评估，我们目前的工具似乎还不足以解决这个问题。

神经元与神经胶质细胞之间相互作用的复杂性，或许会使我们不可能在可预见的未来做出完备的解释。与此同时，我们正面对着推测和相互矛盾的证据。我们如何整合这些不精确、模棱两可的信息，取决于我们的思维定式，而思维定式本身又会受到群体和文化的影响[28]。这与相信我们即将搞明白暗物质、暗能量、万有引力的本质，以及其他许多最高层的谜题一样（这些谜题公然藐视了最聪明的头脑和最先进、最杰出的技术），无视方法上固有的困难也导致了同样类型的错误。

在宇宙学领域中，可见的宇宙只是整个宇宙的一小部分。其余的部分，包括暗物质和暗能量则是实验、推测、假设和旧式科幻的讨论主题。我们很难避免也以同样的方式来理解大脑。相对于白质，神经胶质细胞或许应该被看成大脑中的暗物质。

一种假设情况

为了证明放弃我们深信不疑的想法是多么困难，请想一想以下的假设情况。如果在整个动物王国中，我们都能看到群体"智能"，那么我们是否有可能也拥有一种形成复杂"智能"的类似的细胞系统呢？花点时间问问你自己，如果你心智的一部分是由超出你大脑的生物机制所驱动，你会有什么感想。这令人激动、令人沮丧、荒唐可笑、令人担忧，还是令人愉快？这会影响你的自我价值感、你的道德价值感，你与他人的关系或你的宗教信仰吗？你对这种可能性的感想，与你如何体验心智密切相关。（心智是你的能动感、自我意识和个体独特性的归属。）

07 个体心智与群体思维

对心智的体验也关系到你如何看待自己与其他动物的关系，如何在缺少具有说服力的证据时判断对错，关系到你自己在不同专家意见中进行选择的能力，你是否赞同流行的文化与科学观点，以及是否相信科学最终将揭开所有宇宙之谜等。

尽管我们可以通过其他物种的行为做出推论，但目前缺乏群体思维的可靠证据，而且在可预见的未来，我们可能也得不到这样的证据。在思考心智的局限和维度时，把信息比作神经递质，把大脑比作受体的比喻，对我很有吸引力。同样吸引我的还有这样的观点，即群体行为的一部分受到了共同生物因素的影响。我无法证明这些观点是正确的，但对于神经科学能让我们对心智有什么了解，这类可能性可以拓展我们的视野。

Mind
局限与突破

总之，在神经解剖层面上，心智的范围非常模糊。哪怕使用最尖端的技术，我们也不能确定一共有多少细胞，更不用说认识它们之间的相互作用了。受生物因素调节的、群体对思维具有的影响，会使本来就不容易研究的主题变得更加复杂。相比于对其他基础科学相关方面的了解（从层创进化/复杂性到量子纠缠），我们对心智的了解还存在很大差距。无意识心理感觉有助于驱动和评判我们的自我观察和我们对心智进行的探究。而这些问题只是神经科学所面临的障碍中的一部分。

第三部分
挑战神经科学的重大发现

A Skeptic's Guide to the Mind

> 是原作背叛了翻译。
>
> **豪尔赫·博尔赫斯**
> Jorge Luis Borges
> 论及威廉·贝克福德的《瓦泰克》(*Vathek*)

08

镜像神经元是洞悉心智的圣杯吗

最近公众对神经科学的兴趣突然大增，在很大程度上是因为，人们希望神经科学的研究能够提供比之前的心理学理论更好的、对人类本质的理解，但是现代神经科学的语言无法提供这种理解。知道这些语言对我们也没有什么帮助，正如最近一篇期刊文章所描述的，某个人"背侧前扣带回、辅助运动区、前脑岛、后脑岛/躯体感觉皮层和中脑导水管周围灰质的一些区域的活动增强。颞顶联合区、旁扣带回、内侧眶额皮层和杏仁核被额外征用，而且与额-顶网络的连接增加"[1]。

这类专业术语几乎对所有人来说，都是无法理解且毫无意义的。就像

08 镜像神经元是洞悉心智的圣杯吗

我们需要翻译来告诉我们，写在莎草纸上的古梵文是什么意思一样，神经科学家必须把他们晦涩难懂的文本，翻译成易于理解的通俗语言。他们必须告诉我们这些脑区构成了一个痛觉矩阵（pain matrix），我们的痛觉体验会涉及这些神经结构。因此，神经科学家必须身兼数职——既是研究者也是翻译。他们在自己接受过相关训练的领域中努力地工作，然后还要承担起解释和翻译他们的数据的责任。不幸的是，这又把我们带回了原地。神经科学家必须把他们的发现翻译成通俗心理学的语言。

承担实验者和翻译者双重角色的固有困难，怎么描述都不为过。基础神经科学是一个非常复杂、深奥的领域。大多数神经科学家的专业领域比较狭窄。从事研究的认知科学家大约有数万名，每天都在得出新的研究成果，保持信息同步更新的任务太过艰巨。而对于基础科学家来说，做研究的同时又很了解心理学的新发展，这是不可能的事情。一来没有时间，二来常常缺乏相应的背景、训练或兴趣。为了解释自己的发现，他们不得不依赖流行心理学理论，而对此他们常常缺乏判断能力。实验心理学是一个比较封闭、独立的领域。为了理解实验设计和解释中无数的陷阱，心理学家需要进行若干年的学习。

与之类似，心理学家、认知科学家和哲学家们越来越多地引用神经科学的简要结论来支持他们的观点，但他们受过的训练不足以使他们意识到基础科学方法与解释所固有的局限性。这个循环没有终点。新的心理学理论被神经科学家用于翻译其基础科学数据，反过来它们又被心理学家所引用，作为他们理论的证据。一旦某个观点在认知科学界站住脚，它便会自行发展起来，不管其根本上正确与否。未经证实的传闻变成了不可否认的事实。

为了认识到把艰涩的数据翻译成大众心理学的通俗语言的内在局限性，我在接下来的几章里选择了一些非常显眼的主题。我的目的不是批评某些发现，因为这在更广泛的意义上是没有什么帮助的。我也不想对那些非常善意的科学家进行个人攻击。相反，我希望提供评估神经科学主张的更实用的方法。在这样做的时候，我选择了一些在未来有可能影响我们对行为各个方面的理解的内容，包括共情、智能、自由意志和有意识的决定。我的目的不是要驳斥这些言论，而是想质疑这些结论的可信度。让我们从镜像神经元开始探讨。

对镜像神经元的反思

20 世纪 80 年代末，意大利神经科学家贾科莫·里佐拉蒂（Giacomo Rizzolatti）及其同事对猕猴额叶中的前运动区进行研究。运用细胞内电极，他们能够定位并记录当猴子伸手去拿东西时单个细胞的电活动。据说，一只依然带着细胞内电极的猴子在休息，当它看到一名实验员伸手捡花生时，其相应部位的细胞开始放电，就好像是这只猴子在伸手拿食物。里佐拉蒂由此认为前运动区中包含某种细胞，当猴子做出某个特定的手部动作，比如推、拉、拖拽、抓握、捡拾或把花生放进嘴里时，这些细胞就会放电。当猴子看到其他人做出相同的动作时，这些细胞也会放电。研究者还注意到，这些动作必须是有意识地做出的，比如把手伸出去抓住花生是为了吃，而不是仅仅做出相同的动作，没有吃的意图。鉴于这些细胞既能记录对动作的观察，又能发起这个动作，因此很快人们便将它们称为"镜像神经元"，汇集在一起的细胞被称为"镜像神经元系统"。

思考一下我们是怎样学会一个动作的，这很重要。想象你开始学习一项以前没有练习过的爱好，比如演奏大提琴。你不知道大提琴的基本演奏姿势，应该把它放在两腿之间的什么位置，如何用琴弓拉出声音。你通过观察和模仿费力地学习（许多动作都是这样学会的，从爬行、走路到说话、发短信）。这个学习过程——观察和模仿，都伴随着神经回路，即大提琴演奏的表征地图的形成。每当你看老师演奏时，大提琴回路就会得到加强。每当你练习大提琴的时候，这个回路也会得到加强。如果在你的大提琴回路中植入电极，你会看到在两种情况下，它的活动都会增强。学习演奏乐器就是试着让自己的行为与你观察到的行为保持同步。

让我们来探讨一下更多的细节。老师的大提琴很旧，有一股好闻的香味。当老师把它从琴盒里拿出来的时候，你会清楚地想起在高中旅行中第一次听音乐会的情景来。之后你被带到后台，看到了各种各样的弦乐器。你记得你拿着几把非常古老的小提琴，甚至还闻了闻它们，想象着在它们是新的时候，用它们来演奏会是什么感觉。很快老师打断了你的回忆，开始演奏巴赫作品中的一个优美片段。让你感到吃惊的是，你泪如泉涌，这完全不是你的性格。你赞美她的演奏，但她和蔼而严厉地提醒你，在她像你这么大的时候，每天会练习8个小时。你立马收起了眼泪，奇怪怎么会有人放弃出去玩球或给朋友发微信聊天，而愿意把生命耗费在用干马鬃来回摩擦几根琴弦上。

现在想象发生这个简单情节时，你正戴着便携式功能性磁共振扫描仪。大多数人的预期是，与运动操作、观察他人动作、加工气味（嗅觉区）、记忆存储与提取，以及体验生动情感有关的脑区会变得更活跃。任何复杂的神经回路，无论是表征大提琴演奏，还是表征普鲁斯特品尝他最喜欢的玛德琳蛋糕，都是通过协调多个脑区的活动来实现其功能的。在回路中既有我们对行为的观察，也有实施相应动作所需的运动技能。

动作学习的简化模型是：观察→存储在记忆中的详细模板（表征地图）。一段时间后，随着学习的发展，用于观察和行动的神经基质融合成了单一的观察/行动表征地图，这是执行习得行为所必需的。

里佐拉蒂对合并的观察/行动系统的发现，在细胞层面上证实了我们的常识（猴子伸手拿花生和它观察实验员捡花生，会导致相同的神经元放电）。我们没有预料到的是他的发现所引发的兴奋程度。在接下来的 20 年里，他的研究被当作了解读心智、感受同情的生物学基础。但是这种推测的合理性到底有多大呢？

通过追溯镜像神经元各种推论的演化过程，我们会大致认识到，把优秀的基础神经科学转化为行为解释时，其中可能存在什么样的固有问题[①]。

在里佐拉蒂的研究论文被发表后不久，加州大学圣迭戈分校杰出的行为神经科学家拉马钱德兰预测道：

> 对猴子额叶中的镜像神经元以及它们与人类大脑进化的潜在关联的发现，是这 10 年中最重要的"未经报道的"单一事件。我预测，镜像神经元对心理学的重要性相当于 DNA 对生物学的重要性：它们将提供统一的框架，有助于解释许多迄今为止依然神秘且无法进行实验的心理能力……拥有了这些神经元的知识后，我们便可以在此基础上去探究人类心理许多神秘莫测的方面："读懂他人内心"的共情、模仿学习，甚至语言的演化。每当你看到别人做某事（或者开始做某事）时，你大脑中相应的镜像神经元就会开始放电，这使你能够"读懂"并理解他人的意图，因此发展出复杂的"他人心智理论"（theory of other minds）[2]。

让我们假定，猴子的镜像神经元能够侦测出有意识行为（为了吃花生而伸手拿起花生）和非特定的类似行为之间的区别。这并不能说明猴子有心智解读的能力，无论是解读另一只猴子的心意，还是实验者的心意。猴子擅长捡拾花生，也很擅长观察其他猴子捡拾花生。猕猴能够识别出有意

[①] 格雷戈里·希科克是最早对镜像神经元功能提出大胆质疑的神经科学家，他在《神秘的镜像神经元》一书中系统回顾了镜像神经元理论发展的全过程，指出其中存在的种种问题，并提出了对镜像神经元功能的新解释。该书中文简体字版已由湛庐文化策划、浙江人民出版社出版。——编者注

08 镜像神经元是洞悉心智的圣杯吗

识手部动作和无意识手部动作之间微妙的差别,这一点应该不足为奇。但是识别出运动姿态的微妙差异与心智解读还相距甚远。尽管研究并非结论性的,但大多数研究表明,成年猕猴基本上没有能力推断出比身体动作更复杂的意图。即使是黑猩猩,这方面的能力也非常有限[3]。如果镜像神经元的存在不能作为人类近亲心智解读能力的良好预测器,那么它会是人类心智解读能力的良好指示器吗?

神经科学的"知"与"不知"
A Skeptic's Guide to the Mind

为了强调识别动作意图和真正的心智解读之间的区别,请想象你正在玩扑克牌。你正打算下注,这时注意到你左边的人把手向前移动,好像要去拿他的筹码。这个动作非常轻微,你不能确定他是想要下注,只是动作还没做完;还是他想欺骗你,阻止你下注。两者都是合理的选择。你越是一个好的观察者,便越有可能识别出对手是在做假动作,还是有意识地去触碰筹码但动作还未完成。为了做出区分,你需要依靠过去的经验。在玩扑克的这些年里,你根据玩家的各种手势建立了相应的表征地图。你将利用这些信息来确定假动作和不成熟动作的可能性,由此推断出玩家的意图。

但是对动作意图的了解,并不能让你知悉对方复杂的心理状态。例如,他做出这个动作可能是为了把你的注意力从其他方面引开。或许他是在配合坐在桌子对面的玩家,希望把你的注意力从其他玩家那里引开;或许他是故意假装"泄密",以便将来用它对付你。他做出这个手势,然后翻出一手坏牌,让你以为这个手势总会跟着坏

> 牌，结果后来他做出同样的手势，却有一手好牌，打得你一败涂地。总之，对他动作意图的解释并不等同于心智解读。动作层面的意图，可能是由若干种不同的心理状态造成的。知道动作的意图不等于知道了有意识行为背后的目的。

我们没有理由相信，猴子知道实验者为什么伸手拿花生吃。实验者可能是饿了或者觉得无聊，或者想看一看花生是否不新鲜了。作为镜像神经元的先驱者之一，加州大学洛杉矶分校的神经科学家马可·亚科波尼（Marco Iacoboni）承认，镜像神经元只是在识别简单意图和行为的基本层面上发挥作用。"学术界存在着许多政治，我们不断尝试弄清楚其他人'真正的意图'。镜像神经元处理的是相对简单的意图：对别人微笑，或者在路口与对方司机交流一下眼神。"[4] 哲学家兼认知科学家阿尔文·戈德曼（Alvin Goldman）赞同，基于面部表情识别他人情绪的能力是低层次心智解读能力的一个例子。他指出，低层次认知过程不同于高层次认知过程，因为它们"比较简单、原始、自动化，而且很大程度上是无意识的"[5]。

然而，从低层次的动作识别到推测某些神经元能够读懂别人内心，这一巨大飞跃吸引了众多人的目光。我们来听一听镜像神经元研究者的评论：

- 来自德国马克斯·普朗克人类认知与脑科学研究所（Max Plank Institute for Human Cognitive and Brain Sciences）的神经科学家西蒙·舒茨-博斯巴赫（Simone Schütz-Bosbach）说："理解他人的行为是社会沟通的关键。镜像神经元能够重演行为，这或许有助于我们理解其他人在做什么以及他们为什么那样做，最重要的是理解这个人接下来会做什么。"[6]

08 镜像神经元是洞悉心智的圣杯吗

- 拉马钱德兰说:"我们是高度社会化的生物。我们确实是在解读其他人的心思。我并不是指超自然的能力,比如心灵感应,而是说你能够采用另一个人的视角来思考。"[7]

- 亚科波尼说:"拥有了镜像神经元,我们就可以实际进入别人的脑子里。"[8] "镜像神经元解决了'他心问题',即我们如何能触及并理解他人的心智。"[9](这与他之前的言论很矛盾,之前他认为镜像神经元的活动仅限于简单的意图。)

当镜像神经元被证明能够侦查出他人某项行为的意图时,通过(不正确的)推理,我们便认为人们具有心智解读能力,而共情似乎是合乎逻辑的下一个推论。如果我们将自己置身于他人的思维模式中,便能够更好地与他人共情,用通俗的语言说就是:"感受到他人的痛苦。"

为了检验这一主张,让我们简要地看一看如今人们是如何理解共情的。不过先让我们对以下两者进行区分:理智上理解他人的心理状态("你看起来很难过")与情感上的感同身受(在这种情况下,我们其实感受到了另一个人的悲伤)。前者完全是对某种心理状态在认知和理智上的识别,而后者是共享情感体验。在探讨中,我用"共情"这个词代表情感要素,即一个人能够感受到另一个人的情感。

证明镜像神经元在共情中发挥着重要作用的关键证据,来自2010年加州大学洛杉矶分校对21名癫痫病人进行的研究。这些病人在手术前接受过皮层电刺激定位(electrial cortical mapping)。在手术切除导致癫痫发作的脑区时,医生必须避开一些其他重要的脑区。为了确定病灶脑区的位置,通常会事先对病人进行颅内电极置入(在病人清醒时)。由于一些病人的病灶位于颞叶内侧,而这个脑区与识别面部表情密切相关,因此神经科学家罗伊·穆卡梅尔(Roy Mukamel)和同事们趁机进行了一个实验。他们给病人呈现一些面部表情的图片并让病人模仿,结果病人大脑中的一小组神经元在两种任务中表现出了类似的电活动。这些在被试观察面部表情时有反应的颞叶神经元，在被试做出面部表情时也会放电。穆卡梅尔的发现在媒体上被称为"终于在人类大脑中发现了具有共情作用的镜像神经元"[10]。

如果镜像神经元是模仿、心智解读和共情背后共同的通路，那么我们有理由认为这些行为应该是一体的。那些更擅长心智解读的人更有可能共情，反之亦然。但是生活经验却显示出了与之不同的情况。

杰出的棒球手可以在球赛视频记录中发现导致另一个杰出棒球手出现失误的细微动作改变。但同样是这位棒球手，他可能完全读不懂别人的心思，感受不到别人的情感。在这种情况下，你会辩解说他有很棒的运动动作镜像神经元，但动作模仿的能力没有转化为心智解读的能力或共情能力。

另一些人很擅长心智解读，但缺乏共情能力。这不禁让我想到了伯纳德·麦道夫（Bernie Madoff）①。几十年来他都在欺骗自己的投资者，可以说他对投资者的心理比投资者自己更了解。这是麦道夫的镜像神经元系统功能良好的证据。但是与拉马钱德兰的观点相反，镜像神经元并不等同于"共情神经元"。麦道夫在共情这门课上得了零分[11]。他对指责自己的人非常轻蔑与不屑，却能够很好地理解邻居对他的期望，并且表现得非常通情达理。通过这个鲜明的对比，我们能够认识到理解他人的想法与对他人的情感感同身受是两回事。在麦道夫被捕后不久，他在自己公寓楼的入口处贴了以下这封信：

---

① 美国著名金融界经纪人，前纳斯达克交易所主席，后来他设立了自己的对冲基金——麦道夫对冲避险基金，作为投资骗局的挂牌公司。因为设计一种庞氏骗局（层压式投资骗局），令投资者损失500亿美元以上，其中包括众多大型金融机构。——译者注

08 镜像神经元是洞悉心智的圣杯吗

亲爱的邻居们：

　　请接受我诚挚的道歉，因为在过去几周里，我给大家带来了极大的不方便。露丝和我感谢大家给予我们的支持。

致敬
伯纳德·麦道夫[12]

　　与之相反，我们有可能真实地感受到他人的情感，但一点也不懂他人的心理。或许最有说服力的例子是我们对动物的共情，虽然在我们眼中，动物也许并不具有有意义的意识或自我意识。最近在散步时，我注意到一只蜈蚣正在石头旁边爬行。虽然这听起来有些愚蠢，但我确实感到和那只蜈蚣心连心。我能感觉到它在穿行道路时所费的力气，甚至现在我还能回想起那种感觉。论点不言自明。既然我们不认为某些生物具有心智，那么对那些生物的共情便和心智解读一点关系都没有。（当你不知道另一个人在想什么的时候，往往更容易产生共情。）

神经科学的"知"与"不知"
A Skeptic's Guide to the Mind

　　为了挑战"观察与模仿是共情的基础"这一理念，让我们思考一下，为什么那些没有痛感的人仍能够对他人的疼痛产生共情。法国神经科学家尼古拉·当齐热（Nicolas Danziger）对一些天生没有痛感的病人进行了研究。这是一种罕见的遗传性感觉神经疾病，人一出生便会显现出来。对这样的病人来说，疼痛只是一个概念，而不是个人体验。当齐热对这些病人在看到其他人感到疼痛时会有什么反应很感兴趣，他给这些病人展示某人被园艺剪剪到手指的照片，以及《周一橄榄球之夜》（Monday Night Football）中四分卫乔·泰斯曼（Joe Theismann）腿部骨折的片段[13]。

令当齐热感到奇怪的是，一些感觉不到疼痛的病人的功能性磁共振成像反应，类似于正常的控制组被试的反应——他们感受疼痛的脑区被激活了。而另一些病人像预期的那样没有任何反应。当齐热发现，病人的反应与他们在标准共情评估问卷中表现出来的共情程度非常一致。尽管生理上缺乏理解他人疼痛的能力，但那些在共情问卷中得到最高分的病人，依然能最大限度地在情感上体验到他人的痛苦。引发的共情程度与之前个人的痛苦体验或观察没有关系，正如研究者总结的那样，它是一种独立的、素因性的"共情特征"。

这次实验的研究者所说的"特征"指的是，一种与之前的直接学习无关的一般倾向。这个观点得到了越来越多研究文献的支持，这些文献认为，一个人的共情能力很大程度上要受到遗传的影响[14]。如果这是真的，那么共情主要源自观察和模仿的观点便会遭到驳斥。

在我看来，共情是社会的黏合剂，由此才产生了文明。从粗鲁、冷漠到敌意和攻击性，缺乏共情是运转良好的社会的对立面。认识共情的生物学构成，以及训练和教育在多大程度上能够影响共情，在社会和神经科学层面上都是一个巨大的挑战。是否应对冷酷无情、毫无悔意的惯犯进行改造，将取决于我们是否认为共情能力能够被灌输、提高或被诱发。无论是设法缓解政治紧张状态，还是在科学与宗教间找到共同点，最终都不可避免地要依赖于我们对共情的理性认识，以及对他人情感的感同身受（情感上的共情）。对这个问题的不成熟或过于简化的结论，对于我们来说毫无益处。人们毫无根据地做出飞跃式的推论，认为共情源自一组特定的脑细胞，不仅没有给出答案，反而引发了更多的问题。

08 镜像神经元是洞悉心智的圣杯吗

搞错了研究范围

为了设计有意义的研究,科学家首先必须控制尽可能多的变量。研究的范围越小,观察便会越准确。例如在研究视觉时,研究者会尽量隔离出单一的要素,比如让研究对象分辨边界、直线运动或颜色。把对这些单一要素的观察整合在一起,我们便能大致了解视觉是如何产生的。但是这种方法的基础是:对这些要素如何独自或共同发挥功能具有很好的了解。20世纪五六十年代,细胞内记录研究揭示出存在专门执行某种视觉功能的细胞。研究者相信有些细胞只对线条有反应,有些细胞只对运动有反应,还有一些对边缘和界线有反应,所以被命名为"边缘检测神经元"(edge detector neurons)。经过半个世纪的进一步研究,人们发现这种观点太过简单了,看到边缘这样简单的事物是数百种神经元复杂互动的结果。根本不存在特定的"边缘检测神经元"这类的东西。

大脑是相关功能的混杂物,这些功能经过了千万年的进化。除了最基本的运动(比如单块肌肉的抽动)之外,思想、行为等事件都是广泛分布、互相关联的复杂回路的产物。没有专门产生感恩或悔恨的大脑中枢。共情至少涉及 10 个脑区[15]。尽管研究尽可能小的元素是科学运作的方式,但很重要的一点是,不要将低层次的发现与高层次的功能混淆在一起。"共情神经元"这种说法混合了大脑不同层次的功能与行为,把大脑行为的复杂性简化成了往往具有误导性的、卡通片似的原声摘要。

任何神经元都无法引起某种复杂的行为。我们不能把高层次的行为归纳为较低层次的神经元活动。就像你不能期望看一看字母表就能阅读一部伟大的小说那样,你不能在细胞层面上发现行为。

细胞不会做出行为

把行为属性归结于单一类型的脑细胞还会产生一个副产品,那就是错误地假定了某种细胞的存在就是这种行为存在的证明。一个很有说服力的例子就是梭形细胞。在人类大脑中发现的具有单一轴突和树突的梭形细胞,曾被认为与情绪加工有关,包括共情。一开始研究者认为,只有人类和大猿拥有梭形细胞,但后来在一些海洋哺乳动物,比如海豚和鲸的大脑中也发现了梭形细胞[16]。这个发现自动成了鲸具有感受他人情感的能力的证据。推理过程是这样的:梭形细胞存在于人类大脑加工情绪的脑区中,也存在于鲸大脑类似的脑区中。因此鲸能够体验到类似的情感。事实上,从社会组织到沟通交流,通过将这些较高层次的动物行为归因于特定类型的细胞,我们尚在证实对这些行为的观察。

是否存在某种脑细胞或某种大脑解剖结构,并不能决定诸如共情这样的复杂行为。如果脑细胞或大脑解剖结构能够决定复杂的行为,我们便可以忽略行为观察,直接跳到所谓的结论:如果某个物种的大脑被彻底进行解剖后,没有发现梭形细胞,那么我们便可以轻视这个物种,因为它们没有共情能力。没有比这更目光短浅的做法了。

目前我们对梭形细胞的功能几乎一无所知,同样的论点也适用于镜像神经元。尽管我们可以通过特定的电活动特征找出它们,但在显微解剖层面上,我们并不能证实镜像神经元代表了一类具有独特生物化学组成和功能的特殊细胞。

在其他物种中发现梭形细胞确实对我们进一步了解大脑的进化,了解我们与其他物种的关系具有重要的价值。但是用某种细胞来解释复杂的行为,

08 镜像神经元是洞悉心智的圣杯吗

将导致我们把技术作为判定其他物种能够感受到什么的最终标准。我还记得有一段时期，每当有人基于对某种动物体验的推测，而认为这种动物具有某种性格特征时，便会被人轻蔑地批评为"拟人论"（anthropomorphism）。这种批评显然具有一定的真实性。我们不可能知道做一只蝙蝠是什么感觉。把某种行为归因于特定的细胞，同样是缺乏切实依据的。我们不应该期望神经科学能帮助我们摆脱这种看似无解的困境，相反，更好的做法是承认共情源自大脑，但并不只存在于个别神经元或这些神经元的连接中。细胞和回路没有任何感受和情感，只有通过它们的共同行动，通过目前还未知的机制，我们才能体验到共情等感受。

我们无法把行为还原为形成它的成分，这一点适用于心理状态的所有方面，也是我们理解意识的主要障碍物。对于理解个别神经元，我们还有很长的路要走，而对于理解它们在某个系统，乃至在大脑中的相互作用，前方的道路就更遥远了。最近一期《神经生理学杂志》（*Journal of Neurophysiology*）的社论总结了我们目前的无知状态："神经元整合并计算各种来源汇总在一起的信息的过程和机制，依然是神经科学中非常吸引人的课题之一。"[17]

机遇之窗

镜像神经元系统的发现过程说明了实验设计是如何产生意料之外且毫无根据的长期影响的。由于里佐拉蒂研究的是猴子的手部运动，因此对"镜像神经元"最初的描述仅限于大脑相应的运动区域。如果他当初研究的是面部表情，那么镜像神经元系统便会具有非常不同的解剖定位。难怪当其他区域得到研究时，镜像神经元系统的范围会迅速扩大。当加州大学洛杉矶分校的研究者在人类内侧颞叶中发现了镜像神经元时，里佐拉蒂在猴子颞叶的另一个区域（脑岛）中也发现了镜像神经元。很可能随着研究区域的增多，镜像加工会被视为一种广泛分布在整个大脑中的、普遍的神经生理现象[18]。

我怀疑镜像机制不仅限于运动行为。想一想我们是如何习得一个新观点的。如果你在收听"脱口秀"广播节目，或在聆听对移民政策的抨击，原始的言语要素会被存储在记忆中。当你反复思考谁是最好的总统候选人时，这些记忆会被传送回意识中。尽管加工并存储最初记忆的脑区，不同于你思考总统候选人的脑区，但两者有着紧密的联系，它们都是你评估总统候选人对移民问题的立场时所运用的神经网络的一部分。如果我们把思考看成头脑的心智行为，那么观察（听广播节目中的观点）以及新的心智行为（思考谁是最好的总统人选）就都源自这个神经网络。当然，这个过程在功能性磁共振成像中不会表现为镜像神经元系统的一部分，因为它不代表一个实际的运动行为。我们能够看到的是，当进行不同类型的观察和心智行为时，不同的脑区会被激活。不过相同的普遍原则也适用于它，那就是观察与行为都是由同一群神经元产生的。正如镜像神经元专家舒茨-博斯巴赫所说："最近几年的研究似乎暗示着知觉和行为是紧密联系的，而非分离的。"[19] 如果是这样，那么无论知觉、身体行为或心智行为发生在哪里，发生在什么时候，便都应该会发生镜像作用。

大脑像镜子一样反射着人们所看到、听到的一切。这就是我们在世界中生活的方式。是否存在专门从事这项任务的神经元将始终是一个未解之谜，除非我们详细地揭示出每个神经元、每个突触以及它们相互关系的神经解剖学和生理基础，但这只是一个美好的梦想。

现在让我们思考一个问题，无意识的心理感觉是否在看似被夸大的镜像神经元主张中发挥着作用。拉马钱德兰承认："我们目前对大脑的了解，类似于19世纪时我们对化学的了解。"[20] 但是他有关镜像神经元的推理把我们又带回了那个熟悉的问题，即人类是否独一无二。在2005年美国公共广

08 镜像神经元是洞悉心智的圣杯吗

播公司拍摄的有关镜像神经元的纪录片中,一开始拉马钱德兰这样说道:"每个人都对'什么使得人类独一无二'这个问题感兴趣。例如,什么使得我们不同于类人猿?你会说是幽默,我们是会笑的两足动物,当然你还会提到语言。另一个使人类与众不同的事物是文化。许多文化源于模仿,比如你会观察老师的行为来学习。"[21]

现代神经科学最主要的一个驱动力或许就是,认为人类独一无二并且可以用生物学证据来证明这种独特性。颇具讽刺意味的是,我们的独一无二感本身便是由我们的生物学特征驱动的。正是我们的能动感、拥有感和独特的自我意识,推动着我们想要去理解人类的独特性,同时相信自己有能力找到解答。这让我想起了关于西西弗斯的神话。可怜的老西西弗斯受到惩罚,永远要把石头推到山上,看着石头滚下山,然后重新再推。如果我们命中注定拥有一个相信自己能解决自己所产生的问题的大脑,那么承认生物学上的矛盾性,而不是在固有的心智局限性基础上继续努力得出有关人类本质的形而上学的结论,是不是更好呢?

更具讽刺意味的是,我们指望用一个在猴子和人类大脑中都存在且很类似的神经系统来证明人类的独特性。尤其是拉马钱德兰还曾指出,和人类拥有相同的镜像神经元的猴子没有语言、幽默和文化。尽管猴子没有发达的语言能力,但我们应该如何看待其他物种之间的沟通方式呢?难道只有语言能被算作沟通方式吗?如果一个人说英语,另一个人使用手语,我们并不会认为这两种语言在目的和功能上存在本质区别,而会认为这只是形式上的不同。至于说其他动物没有文化,你只需要看一看日本的雪猴。它们会教其他猴子享受泡温泉的乐趣,还会做雪球,用水洗土豆,而不是用手把泥抠掉[22]。

至于幽默,我想举一位患有严重帕金森氏病的朋友的例子。这位朋友曾经非常有幽默感,但现在他的脸僵化成了毫无表情的面具,再也表现不出被逗乐的面部表情。他眼睛周围的皮肤不会因为欢笑而起皱，也不会咧开嘴笑或哈哈大笑。他始终保持面无表情。但是通过笔记本电脑，他能够输入"哈哈哈"。如果动物有幽默感，但表达方式不同，而且无法告诉我们它们的感受，那么我们便不能下结论说它们没有幽默感。或许它们会在内心里大笑，就像我的那位朋友。

> **Mind**
> **局限与突破**
>
> 很难想象，如果能暂时放下无意识的心理感觉，我们将会如何看待自己。正是无意识的心理感觉将我们对心智的思考引入了死胡同、引入了不可避免的悖论。即使如此，这类想象也一定只是我们无法实现的理想化的目标。尽管我们无法走出由这些无意识的心理感觉所设定的认知局限，但我们至少可以承认它们在形成我们对心智的看法上，发挥着意义深远的作用。镜像神经元的故事应该成为一个警示性的故事，它告诉我们，很好的基础科学竟被用于证明关于人类独特性的毫无根据的主张。如果人类的情况有什么独特之处的话，那就是我们具有生理因素促成的独一无二感。

他在那儿建造什么？
他到底在那儿建造什么？

汤姆·威兹
Tom Waits
《他在建造什么？》(What's He Building)

09

神经科学能预测未来吗

在我 60 岁生日时，妻子和我带着我妈去旧金山一家非常高档的酒店吃午餐。我们不常去那儿吃饭，酒店有很方便的免下车入口，乘坐轮椅的妈妈还可以使用电梯。尽管我和妈妈一直关系亲密，但我们的情感表达方式是比较含蓄的。然而在那次吃完饭后，我以一种不常见的、表达爱与感激的姿势靠近她，轻轻地触碰着她的胳膊说道："要不是因为你，我今天不会在这里。"她立即面无表情地答道："我们也可以在其他地方吃饭。"

当她 97 岁在医院里生命垂危时，我喃喃地说些毫无意义的话，想让她高兴起来："你很幸运，你的病房正好在护士站的对面。"我妈妈回答说："是啊，位置决定一切。"完全没有开玩笑的意味。

据说人类最独一无二的特征是心智解读能力，即知道另一个人在想什么。在哲学领域中，这被称为心理理论。但是作为一个阅读哲学、研究心智的神经科学家，时至今日我依然不知道妈妈到底是在幽默、讥讽、开玩笑、麻木、专断、异想天开，还是在表述事实。她面无表情的言语常常让她的亲朋好友无从分辨她是在逗趣还是在讽刺挖苦，或者她是真的不知道这是一语双关。最后，我们把她那特有的评论解释为，那是她自己看待世界的独特方式。因此她成了我们家的传奇人物，给大家制造了诸多困惑。

暴力、自杀、说谎能通过仪器预测吗

如果我们不能确定某人是否在跟我们开玩笑，那么我们能准确地预测行为吗？在1993年的研究中，匹兹堡大学医学院（University of Pittsburgh School of Medicine）精神病学系的师生对市精神病院急诊科的病人进行了评估。在病人准备离开医院时，他们会对病人潜在的暴力性进行评估，根据评估结果将他们分为两组——暴力组和非暴力组。在6个月的追踪研究中，被归在暴力组的成员有一半发生了暴力行为，而被归在非暴力组的成员有超过三分之一的人发生了暴力行为。在这个测试组中，对女性病人暴力行为的预测并不比碰运气更好。抛硬币决定暴力或非暴力，与精神科医生的评估具有相同的准确性。而另一项研究则证明，即使像口头威胁和实施暴力行为这样从直觉上看显然可以用于区分暴力与非暴力人群的因素，也无法准确地预测研究对象接下来的暴力行为[1]。

精神科医生在预测自杀上似乎也遇到了同样的挫折。在艾奥瓦大学医院和诊所进行的一项研究涉及1 900名重度抑郁症患者。在研究中，精神科医生试图预测出谁在未来有可能自杀。他们没有找对任何一位潜在的自杀者。研究得出的结论是："即使是对于高风险的住院病人，预测自杀也是不可能的。"[2]

09 神经科学能预测未来吗

神经科学的"知"与"不知"

A Skeptic's Guide to the Mind

那能否预测说谎呢?加州大学洛杉矶分校的心理学家兼细微面部表情方面的专家保罗·埃克曼(Paul Ekman)录制了一盘录像。录像的内容是对10个人的采访,以了解他们对死刑的观点。艾克曼让观看录像的人评判哪个人在撒谎。大多数人评判的准确性和碰运气差不多或者略好一点。那些你认为应该优于平均水平的人,比如警官、法官、联邦调查局和中央情报局的特工,并不比随机选出的公共汽车司机或管道工判断得更准确(对120项类似研究进行的综述显示,只有两项研究中被试的谎言侦破率达到了70%)。首席大法官丹尼斯·钦(Dennis Chin)对判处伯纳德·麦道夫150年监禁的推理过程是这样解释的:"麦道夫案的9名受害者说他彻底毁了他们的人生。麦道夫站起来说了很多道歉的话,并说他'感到自己罪孽深重'。他转过身面对受害者,再次致歉。"钦继续描述着麦道夫如何显得很难过,就好像他在哀悼。但是最后钦说:"我不相信他是真心悔过。"[3] 大多数人会赞同钦的看法,但不太鼓舞人心的是,我们可能都错了。如果有准确的方法来判断麦道夫是在法庭上表演,还是在为自己感到悲伤,或者是感觉很糟糕但自己并不知道为什么,那么又会怎样呢?

鉴于这样糟糕的判断力,难怪我们会求助于科学。或许神经科学能够帮你发现那些造成各种行为的心理状态的神经相关物。事实上,一些神经科学家认为我们要么已经实现了心智解读，要么很快就能做到。卡内基梅隆大学的神经科学家马塞尔·贾斯特（Marcel Just）正在研究用功能性磁共振成像来进行"思维识别"。他告诉新闻节目《60分钟时事》的莱斯利·斯特尔（Leslie Stahl）说，自己的团队已经在大脑中发现了仁慈、虚伪和爱的神经"标志"[4]。来自伯恩斯坦计算神经科学中心（Bernstein Center for Computational Neuroscience）的约翰-迪伦·海恩斯（John-Dylan Haynes）在此基础上又向前迈了一步。海恩斯相信，某一天我们可以通过查看人们的大脑活动来确定他们的意图[5]。苏黎世大学的托马斯·鲍姆加特纳（Thomas Baumgartner）想象，在未来，脑扫描能够帮助精神科医生决定是否给保证不再违法的犯人批准假释[6]。

为了探讨这些主张在理论上是否具有可能性，让我们先探讨一下功能性磁共振成像这样的技术具有哪些优缺点。假设在未来的某个时刻，我们已经拥有了完美的大脑记录设备，让我们称之为超级扫描仪吧，它能够每时每刻追踪每个突触、每个神经元、每个电位和每种神经递质，按一个按钮我们便能够拥有大脑活动的完整时空地图。这样我们就能够准确地知道他人在想什么吗？我们就能够理解他人的心理状态吗？

为了回答这些问题，让我们先思考一下理解心理状态需要什么。所有科学研究共同的基本原则是确立基线水平，这样便能够侦测出人体的生理变化。记得在老电影中，犯罪嫌疑人常会接受测谎仪的测试。为了建立说真话或说假话时自主神经系统反应的基线水平，研究者会先问被试一些事实性的问题，比如他的住址、出生日期和就读的高中等，来获得自主神经系统各种功能的数据，比如心率、皮肤出汗的情况。通过了解被试在说谎或在说真话时神经系统的反应，你便有了衡量的标准，可以评判他对更具刺激性的问题的回答是真是假，比如"是不是你杀了琼斯太太"。

尽管测谎仪已经彻底名誉扫地了，但确立基线水平的原则并没有改变。

09 神经科学能预测未来吗

无论我们的测量工具变得多么先进,我们仍需要知道我们所研究事物的基线状态。为了发现大脑伴随着新刺激而产生的改变,完美的细胞内电子记录设备仍需要确定细胞放电的正常模式。在拥有了超级扫描仪的情况下,我们仍需要获得对大脑静息状态的描绘,然后让被试完成一项心理或身体任务,看一看在基线测量值之上和之下出现了什么活动。基线测量值可以被看成随机研究中控制组的水平。不同之处在于,对于个体被试来说,他的基线测量值成了他自己的控制数据。

> 基线大脑活动不等于没有大脑活动。即使在我们认为自己无所事事时,大脑也在从事着各种各样无意识的认知活动。我们如何对没有反映在有意识心理状态中的认知活动进行识别和分类?在处理复杂的心理状态之前,我们应该从剖析心智解读最基本的方面开始,对于这些方面我们拥有客观的标准,即对单一运动行为的预测。

如果你敲击手指,对应敲击手指的特定运动区域会被激活,这在功能性磁共振成像上会显现出来。我们把这称为运动模式 A。你了解输入——敲击手指的意愿,并且通过测量速度、频率和相应肌肉纤维的收缩力度,也能够准确地记录输出。在每个个体中建立了这种相关关系后,你便能通过研究成千上万的被试来验证你的发现。运用这种技术,你便可以很有信心地认为,敲击手指在功能性磁共振成像上会显现为模式 A。但是反过来不一定成立:看见扫描图上的模式 A 并不能保证你敲击了手指。举一个例子:被动地观察行为和主动地做出这个行为都会激活镜像神经元,使它表现出相同的模式。单单是发现了这种模式并不能让我们判断出猴子是在观看抓握的动作,还是在做出抓握的动作。把这些神经元鼓吹为心智解读的基础并不比用抛硬币的方式来预测行为更准确。

现在要增加赌注了。我们不再试图理解容易量化的运动行为,而是想要理解无意识的认知活动。想象在未来,你作为一名神经科学家,正在用超级扫描仪研究被麻醉(但并非已瘫痪)的病人的心理状态。在某些病人的大脑中你发现了相当独特且可复制的大脑活动——模式 B。手术期间你对病人进行了细致的行为观察,但没有发现存在模式 B 和不存在模式 B 的病人之间有运动行为方面的差异。由此你得出结论:模式 B 不代表特定的运动行为,它一定与某种心理状态有关。病人清醒后对他们进行的详细访谈并没有得到有价值的信息,因为他们已经不记得手术时的经历了。人格剖析同样没有带来什么发现。你相信自己已经发现了心理状态的神经相关物,但你不知道那是什么。

无论新的脑成像设备多么卓越,如果不知道发生模式 B 时每个被试有什么感受,神经科学都无法解释模式 B。我们只能通过被试对自己感受的报告,来推测大脑状态与心理状态之间的关系。我们所知道的是,我们很难始终充分感知到自己的心理状态,更不用说恰当地描述我们的所感所思了。大多数人承认,对心理状态的心理学研究始终不够完美,因为它不可能完全克服主观描述所固有的问题。然而,评估潜意识心理状态则会遭遇额外的困境。如果某种心理状态是被试没有意识到的,可能因为他把注意力集中在了其他地方,或者因为他忘记了时间和感受,或者因为这种心理状态被表达时他没有觉察,那么神经科学家便无法将这种模式与特定的反应联系起来。

是潜意识在唆使你实施报复行为吗

为了了解主观描述问题是如何适用于无意识心智活动的,请想一想判断他人意图的过程,这是心智解读的一个主要目标。有意识思维的作用之一是,将意图输入到无意识的大脑机制中。例如,上床睡觉时你想不起来一首流行歌曲的名称了，第二天早上那个名称却突然跳入你的意识。回忆歌曲名的有意识意图被转移到了潜意识中，并在潜意识中被执行。无论潜意识认知是什么，我们都会赞同，它受到了某种意图的指引，即使在我们没觉得自己有什么意图的时候。意图常常在我们不知不觉中被执行。

在任何时刻，人们大脑中都充满了许许多多潜意识的意图，有些是短期的，有些则是长期的。现在你可能正在默默地回忆把护照放哪儿了，还杜撰出了新的情节点，这使你推翻了几年前开始写的小说。另外你还在计划周末时填写纳税申报表。尽管我们不知道这些潜意识意图是如何在生理层面上运转的，但长期意图可能与表征待解决问题或待采取行动的大脑地图密切相关，或者被嵌入了这些地图中。如果你在考虑假期去什么地方，那么大脑地图中会包含各种可能的度假胜地和露营场所，也会包含你的喜恶，以及让大脑想出最佳解决方案的内在指导。超级扫描仪只能以两种方式记录下一个被无意识地思考着的意图的存在：作为大脑基线活动的一部分，或者作为一种与基线不同的独立的神经模式。如果是前面一种情况，那么它便是不可检测的。如果是后面一种情况，我们也无法识别出这种模式代表着什么（对于探寻潜意识意图，我们既没有客观的途径，也没有描述性的途径）。无论是以上哪种情况，潜意识意图都超出了神经科学研究的范围。

我忍不住要把对基本大脑机制的研究与宇宙学进行一下类比。我们看到的物质大约占宇宙中所有物质的 4%。大多数我们看不到的物质——暗物质和暗能量，是由它们对可见的宇宙所产生的作用来定义的。但是传统的物理学无法直接探测到它们。或许我们应该用同样的方式来想一想潜意识认知。我们只能通过研究它对意识状态的作用来了解它。

在科学领域中，有些问题是无法用实验方法来探究的。我们能够得到与大爆炸非常接近的时间里产生的信息，但无法返回到时间零点。对大爆炸那一瞬间的所有理解，都是基于它的后续效应做出的推测。我们无法用实验方法证实弦理论,因为实施必要的测量需要使用比地球还大的加速器。类似地,潜意识认知也只能通过推理来研究。

神经科学的"知"与"不知"

为了从实际的角度来看待潜意识意图的问题,请想象以下的情景。皮特在奢侈的加勒比海海滨度假。这是非常美好的一天,他在海里游完泳后,在泳池边享受了奢华的自助午餐,现在正啜饮着一大杯热带饮品。他发着呆,脑子里什么想法都没有,最多只是轻微地意识到饮料杯中的装饰性纸伞在漫无目的地旋转。如果你问他,他会说自己什么也没想。这时一个身影向他走来,那是麦克,他上大一时的室友。比起皮特记忆里的麦克,此人现在胖了不少,他的肚子从宽大的百慕大式短裤中溢出来。皮特迅速扫描了一下他的记忆,模糊地回忆起麦克是个不错的家伙。他特意不去看麦克肥胖的腰腹。麦克拉过一把椅子,他们闲聊了起来。皮特突然说道:"你的体形依然保持得那么好。"话一出口,他的脸就变得通红,感到非常尴尬。麦克向皮特伸出中指,气冲冲地走开了。

皮特感到很迷惑不解。他到底为什么要说那样的话?他是想羞辱麦克,还是只是开了个无聊的玩笑?这是弗洛伊德式的口误呢,还是反映了自己潜意识中对麦克的想法?他追忆着与麦克的交往,想看一看以前是否也说过这样令人不快,甚至有点卑鄙的话。但是毫无结果。皮特完全不知道自己为什么会说出那些话。

09 神经科学能预测未来吗

那是一段额外的历史，是皮特已经遗忘的历史：在大一最后一个周末时，麦克和皮特去参加舞会。麦克对皮特看上的一个女孩说了些挖苦皮特的话。皮特觉得很丢脸，但什么也没说。麦克和那个女孩走开了，留下皮特独自舔伤口。皮特不愿做一个懦夫，他发誓一定要报复麦克。在那个夏天，他幻想了一些报复的情节，但当秋天返回学校时，他发现麦克已经转到几千英里外的另一所大学去了。随着时间的流逝，被侮辱的经历渐渐淡出记忆，最后被彻底遗忘了。在皮特看来，他已经不把麦克放在心上了。

但皮特的大脑没有忘记。皮特曾经反复告诉大脑他想报复，并且提供了一些潜在的方案——他对报复的幻想。他的大脑一直在伺机报复。但是如果皮特不告诉我们，我们怎么能知道是这个潜意识动机促使他说出那些话的呢？是否有什么方法能够开启与被遗忘的记忆相关的潜意识动机？

直到最近，提升自我意识都意味着要思考你的心理组成和倾向。许多人将"浑浑噩噩的生活不值得过"作为人生格言，并且把很多时间花费在精神分析上，或者穿上粗糙的粗毛衬衫，或者流连于书店的心理自助书区域，但结果通常不令人满意。科学越是揭示出大脑机制的无意识程度，我们便越不相信帮助理解自我的心理学方法是有效的。精神分析和谈话疗法大部分已经被行为矫正、精神类药物，甚至被大脑刺激所取代。神经科学家的数量不断增加，他们明确或含蓄地认为，准确地识别大脑模式能够解决问题。受到这些事实的鼓舞，我们越来越指望用科学来实现自我理解。

假设我们让皮特接受敏锐的测试。在泳池边用超级扫描仪对他的大脑进行扫描（现在已经发展出便携式扫描仪了）。我们对机器进行了完美的调试，他一开始发呆的状态可以被算作基线水平。很容易确定皮特看到麦克走过来的情境，这可以作为一个绝佳的刺激，标志着大脑改变的开始。当麦克进入画面，各种各样的脑区会变得活跃起来，皮特的视觉皮层构建出麦克以前体形的表象，并与他现在的体形进行比较，额叶判断如果麦克坐下，是否会弄翻躺椅。我们把这称为模式 C。接下来又一个脑区被激活——在已经存在的模式 C 上叠加的新的模式 D。

根据约翰-迪伦·海恩斯的观点（他是心智解读领域的专家）："每个想法都将会与一种大脑模式相联系，你甚至能训练计算机识别出与某种想法相关的模式。"[7] 如果这是真的，模式 D 便可以作为潜在的起点。我们所需要做的就是将这种模式与有意识的心理状态联系起来。不幸的是，皮特并没有意识到自己想羞辱麦克，也彻底忘记了自己曾经被麦克轻视并因此引发了长期的报复意图。超级扫描仪捕捉到了这个模式，但没有解释。你面临的选择是承认你不知道模式 D 是什么意思，或者试着找到进一步的相关关系。在有所怀疑的时候，应收集更多的数据。

假设，你检测了 1 000 名被试，通过使用标准的访谈技术和人格测试，你发现模式 D 与被动攻击型人格障碍非常符合。你里程碑式的研究立即使你声名鹊起。在成为看穿险恶用心方面的国际专家后，你被邀请对一位年轻人进行评估，这位年轻人在没有明显理由的情况下，对他的老板突然说出很多侮辱性的言语。这个人的工作可能保不住了。如果他的行为是故意的，人力资源部门的经理便会解雇他。如果真的像那个人说的一样，他"不是有意那样做的"，那么公司会再给他一次机会。使用你的专利软件，扫描仪检测出了模式 D。人力资源经理一个劲儿地催问，这是不是意味着那个年轻人的行为是故意的。你回答说，被动攻击行为的一个标志性特点就是有意的恶意侮辱，同时被试强烈地否认他是故意的。被动攻击型个体的失望与沮丧，就来自他们不认为自己有攻击的意图，而我们觉得他们是故意的。由于你认为模式 D 与被动攻击行为存在完美的关联性，因此不管那位年轻人是否承认，他的侮辱行为都很可能是故意的，因此他被解雇了。

从与大脑模式的相关关系到以心理学理论为基础的预测，这个过渡是多么严丝合缝。为了证明模式 D 代表意图性，你接受了心理学对行为的

09 神经科学能预测未来吗

解释,即被动攻击言论是故意的。当研究某种心理状态,且意图是这种心理状态的定义的一部分时,便不可避免地会发生这样的循环思维。神经科学在研究某些心理状态方面取得了重大进步,而对于这些心理状态中的大多数来说,意图都并不是其关键特征。恐惧就是一个很好的例子。我们可以全面地研究恐惧的各种解剖结构与生理构成,因为我们不需要解读心智,不需要确定意图。恐惧反应是自发的、反射性的,是为了避免危险而进化出来的固有回路。与之类似,我们可以研究动物和人类的听觉及视觉,而不需要确定知觉的意图。另一方面,如果我们不确定意图的程度,便不可能得到利他精神、慷慨、同情、诚实、道德判断或其他复杂心理状态的确凿数据。

请允许我插一句,我并不是在批评那些试图通过研究人类及动物行为,对人类本性得出常识性假定的研究。确实,这本书在很大程度上是我的个人预测,其基础正是我根据所掌握的这些信息形成的关于心智的个人观点。不过我并没有把我的看法作为科学提供给读者。我担心的是,我们把行为观察中获得的数据作为心理状态的客观证据,而不是把数据作为观察资料(从外部,即主观的视角进行的观察)。因为我们都知道,模式 D 可能只是在被动攻击型人格障碍患者身上出现的,容易使他们变得愤怒急躁的遗传倾向的体现。它可能反映了患者患有妥瑞症①的潜在生物学倾向,只是并没有在临床上表现出完整的症状。如果是这样,你还能说突然冒出来的侮辱性言语是故意的吗?

了解意图是进行任何心智解读尝试的主要目标。为了知道 X 为什么做了 Y,我们需要知道 X 的意图。如果我们想知道 X 说的是不是实话,我们还需要问 X 是否打算说实话。如果 X 说他不记得琼斯太太被射杀那天晚上

---

① 妥瑞症:一种非常严重的痉挛疾病,包括运动痉挛、声音痉挛以及综合痉挛。最常出现的症状有眨眼睛、噘嘴、装鬼脸、耸肩膀、摇头晃脑等快速而短促的动作,以及清喉咙、擤鼻子、发出类似骂人的"干"音或一长串诅咒的声音等。——译者注

他在哪儿，我们当然不能直接知道他是否曾试着去回忆那天晚上的事情。相反，我们只能从他的行为推断他是否在尽量回忆。在审判被告时，在判断总统是否打算兑现他在竞选时期做出的承诺时，或者当我们处于青春期的儿子说他已经在学习上付出了百分之百的努力，我们试图判断他说的是不是实话时，都会对意图进行直觉上的主观评估。尽管神经科学家有着美好的愿望，但我们确实没有测量意图的客观方法。如果你是陪审团成员，你对被告的意图以及他应该承担责任的程度的最终决定，都取决于你对自己讲述的、有关被告人行为的故事。

尝试用科学的方法解读心智还存在另一个重要的局限，那就是缺乏适当的动物模型。动物不能告诉你它们在想什么或感觉到了什么，因此最终我们只能根据如果人类做出这种行为，它理应代表什么意义，来形成我们的看法。如果动物把自己的一部分食物分给饥饿的同伴，我们便把这视为分享行为，是共情、慷慨和同情的证据。由此我们看到了利他的鲸和白蚁。在我看来，鲸能够思考自身行为的道德含义似乎是合理的。白蚁则不太可能具有同情和制订长期计划的能力。不过我的解释本身就是用科学数据（鲸的神经元数量与白蚁的神经元数量的比较，以及它们大脑与身体的体积比的差异）为纯粹的推测进行辩护的一个例子。无论神经元计数多么精确，不对每个物种进行访谈，我们都无从知道使动物，产生自我意识、意识及意图的神奇的神经元数量临界值。任何试图用脑的大小、结构或解剖特征来证明我的结论的尝试，都等同于梭形细胞的论点，刚才我们已经看到它是错误的。

"意图"不是一个准确的说法，"目的"同样不是。思考一下黏菌的例子。如果我们把黏菌放在英国的地形图上，我们可以预测黏菌将重新创造出英国高速公路系统的草图。我认为至少我们都会赞同，寻找食物是一种有目的的行为。我们也会赞同黏菌并不想设计出高速公路系统。但是当动物的复杂程度不断提高时，做出这类判断会变得越发困难。我们能说白蚁不是有意想建造白蚁丘，因为它们的大脑太小，不可能执行那些指令，也不可能具有有意识的愿望和意图吗？如果单个的白蚁从来没有修建白蚁丘的构想，却总是和同伴合作修建白蚁丘，那么它们的意图是从什么时候开始出现的？我们又一次回到了那个问题上，即如何在神经层面上客观地识别意图——无论是对单个白蚁，还是对一群白蚁。

思考这个问题的另一种方法是比较两种疾病——发展障碍与药物成瘾。

自毁容貌综合征是一种与X染色体相关的罕见的遗传缺陷，其特点是某种酶缺失或水平偏低，导致运动发育延迟、中度精神发育迟滞和特有的自残行为。如果没有适当的限制，患儿会把大部分时间都花在咬自己的嘴唇和手指尖上[8]。对于这种有明显遗传倾向的行为，你会如何进行分类呢？如果咬掉手指是某种遗传疾病常见的行为，那么就不能认为它是随机行为。如果它不是随机行为，我们该怎么称呼这种行为？是故意行为，有目的的行为，还是非自主行为？无论我们的决定是什么，都取决于我们如何定义意图、目的和意志，以及我们在多大程度上把这些标签与有意识的心理状态捆绑在一起。如果孩子知道会受到惩罚（被更严格地限制），但就是控制不住自己，那会怎样？有些人说妥瑞症的秽语突然爆发便属于这个类别：虽然是有意识的行为，但那是为了满足无法控制的强烈欲望。我猜想大多数人会选择居中的解释：那种行为是不自主的，也是故意的，因为大脑发出了特定的运动冲动，它带着咬手指的意图。

将这种情况与药物成瘾比较来看。尽管科学已经证明成瘾者的大脑奖赏系统非常渴望毒品，但我们认为他们至少应该对自己的行为负一部分责任。其含义是，成瘾者继续吸毒的意愿处于某种程度的自我控制之下。在这种情况下，我们是基于我们对应该怎么做的希望和看法来判断意图的程度的。很难想象在确定意图时我们没有掺杂个人的道德观。

心智工具箱

我们对意图的看法,总会在一定程度上受到我们自己对能动感的理解和感受的影响。如果存在造物主,那么这一定会被算作他的一个令人愉快的恶作剧——创造了无意识的心理感觉,来帮助我们决定在某个想法或行为中包含了多少自愿的意图,然后让我们用这些解释来试图创造出公平的社会秩序体系。

有人还提出了更进一步的观点,但那似乎是不证自明的。**如果意图可以存在于意识之外,且无法直接对其进行研究,那么需要评估意图程度的心理状态研究,便一定是不完善的。**

我们太匆忙地做出了判断

先讲一点神经科学的历史:在脑扫描技术出现之前,脑电图是将大脑活动与行为联系起来的主要工具。特定的脑电图模式被与各种各样的心理状态、疾病和特定的人格类型联系起来,比如精神分裂症、抑郁症、强迫症等。基于这种相关性做出的决定往往是灾难性的。过度解释脑电图模式的意义造成了一些本可以避免的悲惨后果,其中之一便是对反复出现暴力行为的罪犯定罪较重。人们将相关关系与因果关系混为一谈。人们认为脑电图模式反映了大脑的不稳定性,由此直接造成了暴力攻击行为。这与对癫痫发作原因的解释如出一辙。如果真的是这样,那么我们自然而然会想到的解决方法就是控制或切除患病脑区。

因此,惯犯被实施了激进的治疗,包括用医学手段抑制他们的脑电图模式、实施额叶切除术、电极植入和直接进行脑刺激。当治疗没有效果且长期追踪研究也无法准确地预测未来的暴力行为时,研究者对最初的脑电图研究结果重新进行了解释。如今,人们认为那种模式代表大脑之前受过损伤,通常的原因是身体虐待和频繁打架。把相关脑区切除不再具有生理学上的合理性。如果神经科学家仔细思考一下用脑电图确定行为原因的局限性,那么初衷良好但不必要,且往往是有害的一代治疗方法,便能够被避免。可悲的是,这种模式并没有结束,我们依然会在一开始对某个神经科学的发现极度热情,接下来才会更冷静地重新思考其他可能的解释。历史教训远远没有通过新技术获得的积极发现具有吸引力。

心智解读就是最好的例子。2008 年,基于定量脑电图技术(脑电振荡信号),孟买一个 25 岁的 MBA 学生涉嫌用掺了砒霜的糖果谋杀了她的未婚夫。这起案件缺乏细节证据,而且被告强烈地否认参与了罪行。但是为了证明自己的清白,她同意进行脑电波测谎。测谎显示这位女士对案情具有不可否认的"经验知识"。法官认为科学提供了证据,那位学生被宣告有罪并被判终身监禁[9]。

在接下来的 6 个月里,脑电波测谎又为另外两起谋杀案提供了证据,两名被告被判有罪。2008 年 9 月,印度国家心理健康与神经科学研究所的一篇报告称,对嫌疑犯进行这样的脑扫描是不科学的。前面提到的那位孟买女子利用这一发现提起上诉,现在她已经保释出狱了。由于印度的司法系统办事缓慢,可能要等到 5~10 年后她的上诉才会被受理。听到这个案例时,伦敦大学学院的认知神经科学教授杰兰特·里斯(Geraint Rees)说:"在脑成像的历史上,从来没有什么技术达到了侦破谎言所需的精确程度。"然而,印度首席司法科学家依然主张:"这项技术很有潜力成为绝对可靠的犯罪调查工具。如果它的证据效力和司法认可度被确立起来,那么它将成为像DNA指纹分析一样的革命性技术。"[10]

美国有一些生产测谎仪的公司，其中一家是西普霍斯公司（Cephos）。这家公司宣称其基于功能性磁共振成像技术的测谎仪已经对300多人进行了测试，准确率为78%～97%。即使这是真的，也意味着每5个人中会有一个人被误判。更重要的是，没有分辨假阳性概率的合理方法。如果你的乳房造影显示你患了乳腺癌，你可以接受活体组织检查。如果活检样本中没有发现肿瘤细胞，那么就说明是假阳性。但用什么技术能够证明功能性磁共振成像技术的结果是假阳性？没有任何独立的测试能够证明心理状态的真实性。

即使如此，西普霍斯公司的CEO史蒂文·拉肯（Steven Laken）博士依然宣称，这项技术将发展为法医脑扫描的新方法，用来检查人们的动机、意图和情感。"某人知道他所做的事情是错误的，还是他只是无意为之，这会造成谋杀与过失杀人的区别。我们还可以判断某人是否曾在恐怖分子训练营待过，或者是否具有某种动机。例如，如果你给某人展示他认识的地方的图片，在功能性磁共振成像中，他的大脑反应与从来没去过那个地方的人看到图片时的反应不同。对于目击证人，错误记忆和正确记忆激活的脑区不同，这在让目击者识别罪犯时非常有帮助。"更令人震惊的是，拉肯声称只要投入适当的资源，大约一年后这项用于测谎和评判动机的技术便能够发展成熟[11]。

Mind
局限与突破

重申一下：不要再继续相信新的或改进后的技术能够提供证明被试意图（无论是有意识的还是无意识的）的必要信息了。我们应该承认神经科学的本质局限：意图是不能通过任何已知的科学测试捕捉到的心理状态。因此，每当听到关于某项技术能够揭示意图和动机的主张时，你就应该尽快跑向最近的出口，走都会来不及。

> 凡不能谈论的,就应该保持沉默。
>
> **路德维希·维特根斯坦**
> 《逻辑哲学论》(*Tractatus Logic-Philosophicus*)

神经科学能证实意识的存在吗

　　大多数人曾经有过或将会经历这样可怕的事情,我们站在挚友或家人的床边,严重的车祸、心肌梗死或脑中风导致他们失去了意识。没有什么临床状况比想象毫无反应的病人头脑中在发生什么更令人绝望了。他觉得疼吗?他知道自己发生了什么吗?他是想接受那些治疗,还是希望早日摆脱痛苦?因为无法与病人进行交流,所以我们只能想象在类似的处境中我们会有怎样的感想。

　　直到最近,在这类情形中我们都一直依赖临床神经科学评估来确定,病人的意识水平及其恢复的可能性和恢复程度。尽管神经科学家已经列出了一些能够很好地预测长期预后的行为指南,但它们与准确无误还相距甚远。另外，再好的床边观察也不能让我们搞清楚病人的心理状态，他是否能够意识到自己的状况，以及如果能的话，他会偏好什么做法。我们甚至无法追溯这些问题的答案。意识水平发生严重改变的病人都会出现记忆障碍，即使恢复过来的病人也无法准确地描述出自己的感受和经历。对于没有反应的病人，如果我们能更好地了解他们的心理状态，那么这一定是一个巨大的进步。

鉴于这种床边神经科学评估的局限性，神经科学家们自然会求助于现代技术。但是这样做现实吗？尖端的脑成像技术能改善我们对临床上无意识病人心理活动的理解吗？在阅读以下案例时，你可以试着判断病人是否有意识，对周围环境是否有感知，如果有，程度如何。不过在我们开始探讨之前，先来看一看对意识水平的正式定义[1]。

- **昏迷**：人的唤醒系统完全失效，不能自主地睁眼，强烈的感觉刺激也无法让病人醒来。

- **持续性植物状态**：完全没有能证明病人有自我意识或对环境有感知的行为表现。依然有自发的或刺激引发的唤起，证据就是病人有睡眠-清醒周期。"持续性"指的是在大脑受损后至少一个月都是这种状态[2]。

- **最小意识状态**：存在不连续但明显可辨识的、证明有意识的行为证据，比如遵从简单的指令，用手势或言语做出是或否的反应（不管其准确性），说出可以让人理解的言语，做出有目的的行为。

- **闭锁综合征**：不能说话或不能移动手臂和腿，但保留了意识和认知能力。这通常是脑干上部受损造成的，保留了较高级的皮层功能。这并不是意识方面的障碍。

10 神经科学能证实意识的存在吗

植物状态的人有自我意识吗

病人 X 是一位 23 岁的女性，她遭遇了一场严重的车祸，被送入医院时处于昏迷状态。扫描显示她有多处脑区严重受损，还存在脑内大面积出血和弥漫性脑肿胀。扫描还显示大脑皮层的有些区域是完好无损的。

这位女性接受了一些神经外科手术，但情况没有改善。6 个月后，她可以自主地睁眼了。对疼痛、巨大的噪声和臭味，她会反射性地移动手臂和腿，但无法根据指令做出自主的运动，也不能用眼睛追踪一个移动的物体。问她问题时，她不会用言语回答，而且与对方的目光接触不会超过几秒钟。她有正常的睡眠 - 清醒周期。6 个月后，多个咨询型神经科医生一致认为这位病人处于持续性植物状态[3]。

为了评估她的意识水平，由神经科学家阿德里安·欧文（Adrian Owen）带领的来自英国和比利时的研究团队设计了一项非常巧妙的功能性磁共振成像研究。这位没有反应的病人被送入扫描仪内，研究者让她完成两个独立的心理任务，"想象打网球"和"想象参观你家的各个房间"。为了在成像期间获得丰富而详细的心理图像，病人被要求在整个扫描期间都想象用正手和反手打着激烈的网球比赛。同样，研究者让她想象自己在家里慢慢地从一个房间走到另一个房间，注意每件家具的位置和样子。

当病人想象打网球时，研究者发现她大脑中运动区的活动增强了，就像正常人想象打网球时一样。当病人想象在房间里走动时，通常在空间（无论是真实的还是想象的）中穿行时会被激活的脑区的活动增强了。尽管临床上她对周围环境没有反应，但在完成这两项任务时，她的功能性磁共振成像反应与那些有完整意识、能够主动合作的被试很类似。因此研究者得出结论："这位病人能够有意识地感知到给她的指令，并且愿意遵从指令，尽管对她的诊断是持续性植物状态。"[4]

在我看来，这项研究对当今的神经科学提出了一些核心问题。我们该如何区分有意识认知和无意识认知？看似根据意愿做出的行为会不会完全是无意识的行为？做出"有意的"心理行为是否一定表明你具有自我意识？欧文及其同事的假设是，病人有能力想象自己打网球或在房间里走动，是存在有意识行为的初步证据。他们认为如果没有意识，病人不可能完成这两项任务。但是对于功能性磁共振成像结果的相似性，这只是一种可能的解释。是否存在不需要病人有任何意识或意图的其他可能的解释？为了回答这个问题，让我们看一看现实生活经历、假想实验和一些大脑研究的结合。

在鸡尾酒会上，你正和一个人交谈，不再留心其他人的对话。突然你注意到房间那头的某个人提到了你的名字。有意识的"你"当时并没有打算做出这个行为。你不是有意识地偷听其他人的交谈，而是在很久以前就把这个任务分配给了潜意识大脑加工过程。听觉输入——提及你名字的声音触发了潜意识的识别行为。这同样适用于任何传入的感觉刺激，比如人群中的一个面孔或花的香味。

我们所看到或听到的，我们对痛或爱的感受，都不是有意识的决定。意识的作用是让我们把注意力集中在传入感觉上，意识让我们选择看什么或听什么。但是我们不能

10 神经科学能证实意识的存在吗

> 直接影响对经验的知觉。例如，如果你撞到了脚趾，你可以试着想其他事情，但你不能有意识地把疼痛的感觉变成无比喜悦的感觉。

这都是旧新闻了。当听到感觉输入被无意识地加工时，没有人会感到吃惊。相反，很难想象如果不是这样，那会造成怎样的混乱。这让我想起了合用电话线路的时代，一条电话线里能听到很多人在交谈。背景中只要有一个其他声音，交谈都会变得非常困难。现在，想象电话线中的两种声音变成了大脑正在加工的无数感觉输入。在意识之外加工感觉输入，然后让我们意识到需要我们注意的输入。这种大脑机制从进化上来说非常合理。

如果感觉输入总是能触发无意识的认知活动，在开始理解有意识思维的作用之前，我们首先需要设立这种自动加工的上限。或许，对有意识思维研究进行分类的最容易的方法就是，不断询问某种心理状态是否仅仅作为无意识心理活动的结果而出现。

如果答案总是肯定的，那么你便是一位副现象论者——相信有意识思维状态对我们的整体认知没有什么作用。除了这种立场以外，每个人对有意识思维的作用都有自己的看法。这一部分取决于个人的能动感以及对自己思想的主观"控制感"（这是一个关于无意识心理感觉的不可逃避的问题，它决定了我们如何对心智的本质进行研究和将其概念化）。

确定一位病人的心理状态必然从理解我们如何产生心理表象开始。例如，想一想你的家。如果没有之前的接触以及有关布局的实际知识，你就不可能在头脑中产生房屋的平面图。搬入一栋新房子后，你会了解到各种细节：从门到床的距离，床头柜的远近，这使你最终能够摸黑在房间里行走。这些知识被储存为一张标着"我家"的表征地图，而且会根据要求形成你家的心理表象。直接的脑刺激会诱导出这类心理表象,即如果刺激大脑适当的区域,你会"看到"家里的布局和陈设。

神经科学的"知"与"不知"

在发生改变的意识状态中,我们能看到这类心理表象,比如在梦中我们常常会在家里到处走(如果你是网球运动员,就像病人X,你还会在熟睡时梦到激烈的比赛)。但问题在于,这些心理表象的激活是否需要有意识地加工一个言语要求(即需要我们有意识地理解言语要求,并照着去做),还是可以没有有意识的干预。尽管任何推理过程都不能提供确定的答案,但我们可以迂回地探究这个问题,得到一部分答案,同时理解这个问题的局限性。

你的爱人平躺在床上,睡得很沉,鼾声如雷。你探身过去,让他翻个身。他按照你的要求做了,但眼睛依然紧闭着,呼吸很深,完全没有被唤醒的迹象。第二天早上他对这件事一点儿都不记得。我们该如何认识这种行为?大多数人可能会提出居中的解释——他清醒的程度只够听到你的要求并照着去做,但不足以做出有意的行为改变(除了翻身)或记住这件事。但是这种解释完全是猜测,将两种独立的心理过程——唤起和意识,拼凑在了一起。

许多年以前,在打了几乎一晚上的扑克之后我累极了,没法沿着80多公里蜿蜒的公路开车回家。我给妻子打了个电话,住进了当地的酒店并很

10 神经科学能证实意识的存在吗

快沉沉地睡去。大约一个小时后妻子给我打回电话，提醒我那天稍晚有个会议。我还能记得被电话铃声吓了一跳的感觉，在陌生的黑暗房间里我从床上跳了起来。我彻底醒了，但不知道自己在哪儿，自己是谁。

尽管关于这件事的细节我早已经忘记了，但我还清楚地记得当时那种惊慌和迷惑的感觉。尽管最多几秒钟后我就恢复了意识，也知道自己在哪儿了，但在当时的感觉里，那段惊慌与迷惑的时间似乎会持续到永远。那种虽然清醒了，但却找不到对自我和周围环境的意识的感觉，深深地留在了我的记忆里。那天晚上我第一次认识到，自我意识并不一定总伴随着意识，相反，它一定代表着有别于"神志清醒"的一个独立的生理过程。我的自我感必须被投射在有意识的心理状态上，这就好像电影被投射在黑色的幕布上。很多人在患有痴呆症的家人或朋友身上看到了这种不一致，虽然他们神志清醒，但其自我意识在慢慢消失。

痴呆症患者还表现出了运动记忆或运动能力与自我意识之间惊人的差异。当阿尔茨海默病使罗纳德·里根（Ronald Reagan）的心智进一步退化时，他的高尔夫依然打得很好。我们都曾看到过这样的病人，他们拥有正常的运动能力，但却认不出家人或朋友，甚至不知道自己是谁。有些痴呆症患者虽然失去了语言交流的能力，但能够唱歌。还有些痴呆症患者虽然不认识自己正在吃的是什么，但能够自己进食。对此现象的标准解释是，虽然更高级的皮层功能受到了损害，但内隐的运动记忆，如吃饭、打高尔夫或唱歌的表征地图依然保存完好。想象打网球或想象在家里走动这样的心理运动，并不等同于更高层次的认知能力。在功能性磁共振成像中，发起运动行为的脑区被激活并不等同于有意识的自我意识到了这一行为，正如心不在焉地挠痒痒并不代表对挠痒痒这一行为存在有意识的意图和觉知一样[5]。

同样，当谈到意识时，很重要的一点是要区分唤醒或注意与真实的自我意识间的差异。拿你熟睡的老公来说，即使你的低语能让他完全清醒过来，这也并不意味着他对行为的自我意识比那天晚上我对自己在哪儿和自己是谁的意识更多，虽然当时我可以在床边非常清醒地接听电话。彻底被唤醒并不能说明这个人当时具有自我意识。知道某人是"有意识的"也不能让我们对"意识的内容"有任何洞察。我无法想象，如果在酒店里那段自我意识迷失的时间再持续下去，会是多么可怕的情景。然而从外部视角来看，我的行为——起床接电话，看起来很正常，而且会被认为是有意做出的。我个人的噩梦是无法探查的，除非我能描述它。但是这种描述需要我醒过来时带着对噩梦的完整记忆才行。即使是非常轻微的脑震荡也会损害我们存储和提取记忆的能力，因此我们永远无法知道处于植物状态、最小意识状态或意识发生严重改变时，我们心理状态的性质。

除了唤醒不等于清醒之外，"有意识"也并不等同于有意识地希望做某事。我们都曾有过开车时陷入自动驾驶状态的经历。在这种时候，如果有人对你说"左转"，你会照做，但并没有意识到自己听到了这句话，或者没有意识到自己在按指令执行。如果有人尖叫"踩刹车"，在意识到这样做的意图之前，在看到一只狗在过马路之前，你就一脚踩在刹车上了。传入的听觉刺激直接激发了运动行为，不需要任何有意识的干预。如果研究者真的发现了意识的神经相关物，那么它会显示当司机踩刹车的时候，他有着清醒的意识。但这并不能告诉我们踩刹车，或其他某种行为是否是有意识决定的结果。有意识和有意识的决定是两种相互联系但各自独立的大脑功能。正如前面提到的，确定有意识的意图一定要从理解无意识的意图开始，而当下我们对它一无所知。

让我们尝试另一种方法。随着功能性磁共振成像技术的进步，许多研究记录了处于植物状态的病人残留的、被认为是自动的大脑加工活动。1997年的一项研究显示，当处于持续性植物状态的病人的妈妈给病人讲故事时，病人的言语加工区会一直有反应[6]。其他研究显示，当病人听到自己的名字时，他们的言语识别区会产生反应，但听到其他人的名字时则没有反应。激活的程度与无反应的程度成负相关。如果病人大脑损伤比较严重，这些反应会仅限于初级言语区；如果损伤的程度比较小，较高级的皮层联合区（翻译并整合更基础的大脑活动，形成知觉的区域）也可以被激活。这种层次更高但依然属于潜意识感觉的加工，仅限于那些多个区域受损，但在大脑皮层其他区域中仍保留了一些神经功能的病人。因弥漫性脑损伤（比如心脏骤停造成的缺氧）导致持续性植物状态的病人很少表现出这种加工能力。视觉输入也会产生相同的自动加工。持续性植物状态的病人睁着眼睛但无法根据指令转动眼睛，在看到熟悉的面孔时，他们与面部识别有关的视觉区域会被激活，而看到不熟悉的面孔时则没有反应[7]。

这些我们所推测的认知活动的碎片，很有可能是大脑模块化特征的反映[8]。大脑未受损的区域继续产生知觉的各个方面，这些方面彼此隔离，而更高层次的大脑加工损伤得太严重，已经不能整合出完整的知觉并把它传递到意识中了。例如，为了理解言语，哪怕是一个最简单的句子，更高层次的大脑联合区也要汇总低层次的输入，比如对词汇、句法、上下文、韵律和肢体语言的加工，然后将整体意义提供给我们。如果病人识别词语的脑区没有受到损伤，那么它会继续对传入的听觉刺激做出反应，尽管他可能不再有有意识的识别活动，也不理解所说的言语。

关键点在于：只要加工感觉输入各个方面的脑区依然保持功能完好，它们便会继续做自己的工作，不管病人整体的意识状态如何。通过用功能性磁共振成像对意识改变程度各不相同的病人进行研究，我们对大脑的功能解剖学以及无意识认知的层级结构有了更详细的了解。低级的大脑皮层功能促成了较高级的大脑皮层功能，直到某个时刻，它们转变成了有意识的体验。这种转变是如何发生的，人们只能猜测。

大脑功能受损病人的福音——心理打字机

为了感受一下想要研究可察觉的神经活动是如何转变为有意识的心理状态的问题,其难度系数有多大,请想一想接下来的例子。1 000亿人站在一个巨大的灯前面,一个巨大的操作杆控制着灯的开关。需要1 000亿人共同努力才能拉动操作杆。听到命令,所有人都使出全力。一个前臂肌肉拉伤的人虽然付出了最大努力,但产生的力量不够大。这微小的差距足以导致操作杆无法被拉动,因此灯没有被打开。

与此同时,另一组同等数量的人也在完成相同的任务,每个人都全力以赴,灯亮了。如果我们正在比较两个组的活动,我们看不出双方付出努力的差异,无论是个人的努力还是集体的努力,尽管一个组打开了灯,另一组没打开。

现在把这些人换成神经元。如果细胞内电极能够记录每个神经元的放电情况,我们依然看不出差别。每个神经元,包括那个"肌肉拉伤"的神经元,都会正常放电。由于功能性磁共振成像测量的是大脑的代谢需求,两组中神经元相同的活动会产生相同的扫描图像。但是这里存在一个阻碍:这些相同的扫描图像对应着不同的结果。没能打开灯的原因不在于神经元的层次,而在于受损的肌肉无法正常发力。功能性磁共振成像无法预测意识之灯是否会亮。

层次的问题非常重要,它是神经科学局限性的核心所在。就像研究夸克无法告诉我们碳原子的性质一样,研究碳原子也无法揭示出与"生命"有关的属性。较低层次的大脑状态无法揭示出较高层次上的复杂属性。意识并不存在于神经元中,就像黏菌或蝗虫群体行为不存在于单个黏菌或蝗虫中。

10 神经科学能证实意识的存在吗

> 相信我们能够找到意识的神经相关物,就等于相信查看神经元及它们的联系便足以描绘更高层次上的复杂行为。在我看来,这代表了先进的机器和技术也无法克服的一类问题。理论上,只有当我们在基础生理学与较高层次的涌现特征之间建立起桥梁,并且用生理学的语言来表达这种理解,我们才有可能找到意识的神经特征。

上文的内容强调了在确定病人 X 的心理状态时面临的理论问题。然而其中还存在着巨大的道德问题。如果你是为她提供咨询服务的神经科医生,那么这些功能性磁共振成像研究会如何影响你的预后与治疗?你能够或应该告诉病人家属什么?如果把病人 X 纳入你正在进行的一项研究,这一研究发现的措辞会对其他持续性植物状态病人、最小意识状态病人以及他们的家人产生什么影响?为了回答这些问题,让我来提供一些真实的背景资料。

据保守估计,仅在美国就有大约 35 000 人长期处于持续性植物状态,另外有 28 万人处于最小意识状态[9]。更不用说那些在家里由家人照顾,因而没有被统计到的病人。美国每年的医疗成本高达几十亿美元。病人处于持续性植物状态或最小意识状态的时间越长,预后就会越差。极少有陷入持续性植物状态几个月的病人能够彻底恢复独立生活能力,大多数人仍会严重残疾[10]。时至今日,没有证据能够很好地证明康复努力有助于显著提高病人独立生活的机会。如何将临床上对无反应病人的脑成像研究呈现给大众,将会对成千上万名病人及病人家属产生深远的影响。

对病人 X 的研究得到了一些具有潜在实用性的结果。2010 年,一位 29 岁的处于最小意识状态的车祸受害者得以通过训练有意地调节他的功能性磁共振成像结果[11]。通过让病人想象打网球或在房间里走动,研究者训练这位病人能够用简单的是或否来回答问题。激活"打网球"回路就代表"是",

而"在房间里走动"代表"否"。由于这两个脑区间隔相对较远,因此很容易区分这两种反应。研究者发现病人能够答对6个问题中的5个。问题的复杂程度类似于"你有兄弟吗"和"你父亲的名字是叫亚历山大吗"[12]。

这些发现令人印象深刻。如果这一结果得到普遍证实,那么人们最终将能够与沟通能力受损但有意识的病人进行交流。但是这项技术无法确定病人意识的程度及内容,除非病人能通过这一技术充分地描述他们的内部心理状态[13]。同样,认为意识是一种二元的心理状态——要么有要么无,是很荒唐的。意识包括各种心理状态,从完全清醒、具有目的性,到记忆缺失和脑震荡引起的意识混乱,再到高烧和药物中毒引起的神志失常,也包括虽然清醒但没有自我意识的解离状态(就像我在酒店的那次经历)和可怕的冗长噩梦。研究行为上无意识的病人的主要目的是为了更好地认识他们整体的心理生活——他们的心理能力、快乐、恐惧和渴望,而不仅仅是为了知道他们是否有意识。为了达到这个目的,未来的技术将会不断制造出更好的转录设备,比如能够把人们想说的话迅速记录下来的心理打字机。但如果想知道他们的内在感受,我们还是需要直接问他们。

自从2007年对病人X进行研究以来,社会上出现了一片反对用功能性磁共振成像证实是否存在意识的声音,并且有人认为这会引发潜在的伦理冲突。以下是3条经过深思熟虑后的批评:

1. 康奈尔大学专门研究改变的意识状态的神经科学家,也是与阿德里安·欧文合作研究持续性植物状态的尼古拉斯·希夫(Nicholas Schiff)说:"情况确实如此,我们不能仅凭脑成像便证实意识的存在,而不与病人进行一些可信的沟通。只是通过实验发现了我们所选择的大脑活动,并不能证明病人的认知功能恢复了。"[14]

2. 法国研究意识的神经科学家莱昂内尔·纳卡什(Lionel Naccache)说:"在欧文让病人想象打网球的研究中,我们不太可能知道她是否对自己描述了这个事件——这一点能说明她是否能进行有意识的思维，或者她对这些经历是否有主观意识。脑扫描研究目前还无法预见这类病人能否恢复健康。"[15]

3. 《新英格兰医学杂志》写道："不对内在生活的特性做出评判，我们便不能确定自己是否在与一个有感觉、只是能力较少的人进行互动。"[16]

为了回应这些批评，欧文和他的同事写道："当然，理论上始终存在其他可能的解释。与之类似，在理论上可能任何人都不存在有意识的感知，我们一生中的行为反应只是被'自动'触发的大脑活动的结果。"[17] 2006年，欧文在《科学》杂志中提出："当我们让病人X想象特定的任务时，她决定与我们合作。这代表了明显的有意行为，毫无疑问地证明她能够意识到自己和周围环境，愿意遵从我们提出的指令，尽管对她的诊断是植物状态。"[18]

我逐字逐句呈现了论战双方的观点，目的是指出将神经科学数据转化为心理学解释的困难。欧文对病人X的评价最简洁地展现了尽管存在相反的解释，但依然坚持知道感的绝对状态。在研究者提出的各种各样的结论的用语中，我们能够看到开放的科学方法与限制性的、以科学的名义排斥其他可能的个人视角之间的差异。我们来比较一下批评者的语言"或许是……的一个例证""可能仅仅是……""不太可能知道"和欧文的"明显的有意行为""毫无疑问地证明……"。前者是探究所有可能性的科学语言，而后者是有目的和动机的语言。

在前文中我们探讨了美感和对称感是如何影响我们的逻辑的。脑成像的精细程度也会影响我们判断对错的感觉。在心理学家戴维·麦凯布（David McCabe）和艾伦·卡斯特尔（Alan Castel）所做的一系列实验中，他们发现"将大脑扫描图像与研究认知神经科学的总结性文章一起呈现时，相对于那些没有展现扫描图像的文章，前者的论点在科学推理方面获得的评分更高。这一结果为'脑成像研究的魅力和可信度一部分来自大脑图像的说服力'这种想法提供了支持"。研究者总结道:"大脑图像是有影响力的,因为它们为抽象的认知过程提供了物质基础,能够满足人们对认知现象进行简化解释的喜好。"[19]

如果我们承认自己对推理的评估会受到无意识因素的影响,那么我们便应该特别小心,不要依赖某种推理过程而得出非黑即白的认知研究结论。

最后,如果不能直接与病人 X 进行交流,我们得出的关于她是否有意识的结论,便仅仅是建立在了我们认为最正确的推理过程的基础上。同时,欧文及其研究团队的不可能得到证实的主张——病人 X 肯定是清醒且有意识的,将会对无数人的生活产生影响。

想象你的一位至亲遭遇了险些丧命的车祸,他幸存了下来,但在一年里始终处于持续性植物状态。在出车祸之前,他曾写过生前预嘱,提出如果他最终成了植物人,要求撤掉所有的营养供给和生命支持系统。他和你详细讨论过这些愿望,你答应会遵照办理。一年后,神经科医生告诉你他不太可能恢复了。你守候在他的床边,试着想象他在体验着什么,或者根本什么都不知道。最后你确定他完全不知道自己的境况,建议医生撤掉生命维持设备。之后你仍在疑惑自己是否做得对,你告诉自己,你的做法符合他的愿望以及你的承诺。当你后来听说类似情况的病人肯定是有意识的,能够感知到周围环境时,你会有什么感受?

**Mind
局限与突破**

当面对医疗不幸时，朋友和家人往往会抓住最后一根救命稻草，相信那些最不可能的预后、治疗或虚妄的希望，为此投入巨大的情感与财务成本。那么当把研究结果呈现给病人X的家人时，告诉他们研究存在固有的局限性，目前无法判定病人X是否具有意识是不是更好呢？这个问题背后的警告适用于所有的临床神经科学研究：对新的或充满争议的研究提出结论性看法的冲动，一定要让位于更重要的事情——不要造成伤害。

> 在字里行间的某处隐藏着伟大的真理。它滚落到了沙发下面，如果我们能把手指伸得更远些，便能把它抓在手里。
>
> **弗拉基米尔·纳博科夫**
> Vladimir Nabokov

神经科学能解剖我们的思维吗

在我学习神经学期间，当时的内科总住院医生、后来成为一所著名医学院系主任的 A 博士邀请我加入他的长期研究项目。我询问他对研究项目的设想。

"我们可以研究酗酒。"

"你具体想研究什么？"

"血液、尿液、脊髓液，所有我们可以得到的东西。只要有足够多的样本，我们一定会找到以前未被发现的异常。这是一项得来全不费工夫的研究。"

11 神经科学能解剖我们的思维吗

"但是你想寻找什么？"我再一次问道。

A博士耸耸肩。"找到的时候我们就知道了。"

生物科学的基本前提之一是，详细了解一个系统的解剖结构和生理特征等同于了解这个系统的功能。如果你知道某个肌群中肌纤维的数量、类型和收缩力量，你很快就能计算出肌肉能够发出多大的力。如果你去健身房训练，你可以很有信心地预测增大的肱二头肌会比训练之前更有力。通过了解肌肉纤维的相关组成——快肌纤维和慢肌纤维的百分比，你可以相当准确地预测出某个人更擅长冲刺还是更擅长跑马拉松。以下等式适用于生物科学的各个分支：解剖学＋生理学＝功能。

但是跨领域（从大脑到心智）应用这个等式则不一定可行。在客观的大脑层面以及主观的心智层面都适用的科学结论，往往会在神经科学中造成惊人的混乱、歪曲和毫无根据的幻想。

爱因斯坦是因为脑体积大才聪明吗

《新科学家》(*New Scientist*) 在2010年写道："体积过大的大脑对人类来说，就像超长的鼻子对于大象，绚丽的羽毛对于孔雀，只是为了炫耀。如果没有堆满神经元、功能强大且表层面积巨大的大脑，我们会是什么？"[1]

真是这样吗？更大就意味着更好吗？尽管很少有人相信天才的大脑只是解剖结构的问题，但我们依然会投入大量时间，试图找到爱因斯坦的大脑中有什么不同的解剖特征能够解释他的聪明才智。当爱因斯坦的大脑被称重并被发现大小很普通时，研究者便开始寻找更细化的解释。胶质细胞的支持者安德鲁·科布说："爱因斯坦的天才之处源于在他涉及数学和语言的脑区中分布着丰富的星形胶质细胞。"[2] 但是我们无从知道胶质细胞的具体数量[3]，因此很难说"丰富的星形胶质细胞"意味着什么。另外，星形胶质细胞的增加也可能是由其他原因引起的，比如以前的创伤形成了大脑疤痕。如果沿着确切的数字道路走下去，那么据说爱因斯坦的下顶叶比一般人大15%，那个区域与数学思维及想象空间运动的能力有关。但是我们应该如何解释这增大的15%呢？甚至有人提出爱因斯坦的大脑缺少某个脑沟，这个脑沟通常位于大脑的顶叶。缺失的脑沟使两侧的神经元沟通起来更容易[4]。

通过测量大脑的大小和形状来评判人并不是什么新鲜事。早期最著名的例子是颅相学（phrenology），它充分利用了人们只要有可能就会瞎联系的倾向。颅相学最初的支持者是维也纳的医生弗朗兹·约瑟夫·加尔（Franz Joseph Gall），他声称，通过查看被试头部的形状，他能够判断出被试的性格特征和智力状况。在颅相学最鼎盛的时期，颅相学家发表了一些离谱的言论。几位欧洲的颅相学家提出，聪明人具有较大的大脑，其他脑袋较小（基于他们所选择的测量脑袋的方法）的人种被认为比较笨[5]。医生作为鉴定证人出现在法庭上，用颅相学解释被告的性格特征。有些人把"颅相学"作为精神分析的一种形式来使用。（我承认我的办公室里有一个研究颅相学用的头部模型，那是一位牛津大学前神经外科教授送给我的。当我感到困惑时，我会用手摸一摸自己头顶附近的隆起，颅相学家认为那里是进行沉思的地方。而我在他们认为是因果关系中心的位置则有一个凹陷。）尽管早在1829年，颅相学就受到了广泛的批评并被彻底揭穿，但到了19世纪时，它还会时不时地流行一段时间，大约在弗洛伊德的精神分析学说开始流行起来的同时，颅相学才彻底消失。

现在我们把颅相学看成伪科学的典型代表，但它确实为我们提供了一些较深层的启示。颅相学的发起者加尔博士被认为是将相应脑区与特定功能联系起来的先驱之一[6]。他的基础假设——不同脑区执行不同功能，依然是现代神经科学的核心信条。

11 神经科学能解剖我们的思维吗

颅相学和现代神经科学的基本问题是，了解某种技术是否能准确测量出你想要测量的东西。为了认识知觉如何扭曲了我们对科学的理解，让我们来看一看 1859 年一位牛津大学的教授对颅相学的评价：

> 平心静气地来看，颅相学仅仅显示出一套最意想不到的关系，一开始它的形成和检验采用的是纯粹的经验方式，完全没有任何理论。在此基础上，一个体系慢慢地被推导出来。对此我们只能说，尽管存在无数细节上的缺陷，但目前它显示出了大体上的一致性。因此这其中必然存在某种非常深奥的真理，而不能仅仅将它归为随机的巧合或想入非非的错觉[7]。

由此推论：盲目的数据收集所形成的一般模式和相关关系，会被用来表征深奥的真理，不管细节上存在怎样的冲突。这和 A 博士提出的，收集血液、尿液和脊髓液的样本来看一看会有什么结果的方法异曲同工。模式识别、因果关系感和知道感的混合物，被从知觉和感觉提升为一个潜在真理的先验证据。

心智工具箱

如果我们从颅相学中吸取了教训，便会更好地认识到大脑尺寸和形状的多样性是正常的，而且人类拥有从这类观察中得出错误相关性和结论的天生倾向。但是各种升级版的测量，比如大脑体积、神经元密度和皮层厚度的局部差异，以及神经连接的整体密度，依然是将解剖结构与人格、智能乃至心理疾病联系起来的基本工具。由于总会出现新技术，因此对以前方法的批评通常会被认为是明日黄花，不再适用于现在："那时候是那时候，现在是现在。我们拥有更好的技术。以前那些家伙根本不知道他们在做什么。"

153

为了认识测量大脑功能的方法所存在的局限性，让我呈现一些经过同行评审的研究，这些研究把大脑的大小、神经元和神经连接的数量作为各种心理特征的衡量标准。再重申一遍，我的目的不是要批评某项研究或某些研究者，而是为了让人们认识到用解剖学方法来理解心智的局限性。另外请注意，正是通过设计良好的研究，我们才能洞察到这些方法的本质局限。

髓鞘越厚，人便越聪明吗

2011年伦敦《每日邮报》(*Daily Mail*)有一个头条新闻是："在聪明人的大脑中，'电线'的绝缘层更厚。"[8]

由于我们倾向于用计算机术语来描述大脑，因此从信息加工速度的角度来看待智力已经变得越来越流行了。我们还知道周围神经的绝缘层（髓鞘）越厚，电冲动传导的速度便越快。这两个观点的结合便构成了2011年加州大学洛杉矶分校实施的研究项目的基础，这项研究试图证明髓鞘的厚度（代表加工信息的速度）与智力存在相关性。

为了检验是否髓鞘越厚便越好，保罗·汤普森（Paul Thompson）领导的加州大学洛杉矶分校的研究团队，决定运用新的超高分辨率的功能性磁共振扩散成像技术来测量白质的传导速度，以此来研究中枢的加工速度。他们还推断，在确定髓鞘厚度与智力之间相关性的遗传成分时，较好的办法是比较异卵双胞胎和同卵双胞胎。同卵双胞胎拥有相近的智商，而异卵双胞胎只有一半基因是相同的，智商的相似性也小得多。如果与异卵双胞胎相比，同卵双胞胎在髓鞘厚度与智商方

面都具有更大的相似性，那么便证明了智力包含着一个遗传成分。

正如他们的推理，研究确实显示较厚的髓鞘与智商测验某些方面的整体表现是一致的，研究者在同卵双胞胎中看到了这种相关性，但在异卵双胞胎中没有看到。相关程度上的差异被视为遗传在不同认知功能上的作用程度不同的证据。根据汤普森的观点，在涉及逻辑、数学、视觉空间能力的脑区中，85%的髓鞘厚度差异取决于遗传[9]。然而髓鞘厚度与智商之间的相关关系并不是始终如一的。例如，髓鞘厚度与言语智商就没有显著的相关性。总之，有些脑区表现出了预期的结果，而另一些脑区则没有。

研究者对这种差异的解释是："与神经传导速度以及对轴突髓鞘化水平的敏感性这些生理参数联系比较紧密的是操作智商，而不是言语智商。"[10] 这种观点讲得通吗？在我看来，这与基本的生物学原则相抵触，就相当于说与右胳膊的神经相比，神经传导研究能够更准确地评估左胳膊中的神经。这种说法可以成为任何研究结果不一致时的大救星。或者这只是一个技术问题，与任务无关。2011年的一篇功能性磁共振扩散成像的综述文章指出，这项技术还是实验性质的，很难在临床上使用。综述小组建议，应以健康的怀疑论来看待通过这项技术获得的结果[11]。

然而，汤普森的研究团队总结说："主要的白质纤维通路在很大程度上受到遗传控制，且与智力表现相关。"接下来加州大学洛杉矶分校大脑研究所发表的新闻稿指出："对髓鞘的完整性进行操纵非常有前景，因为与灰质体积不同，髓鞘在人的一生中会发生改变。找到能够提高髓鞘完整性的基因，可以使我们设法增加这种基因的活性，或者我们也可以人工添加这种基因所编码的蛋白质。根据汤普森的说法，那些希望提高智商、通过考试的人有指望了。"[12] 加州大学欧文分校的心理学家理查德·海尔（Richard Haier）曾和汤普森一起工作过，他说："智力具有很强的遗传性，但这并不意味着我们无法改善智力。事实上恰恰相反，如果它是遗传性的，那么就具有生物化学基础，而我们有各种影响生物化学的手段。"[13]

从前，大脑曾被认为是天生注定的。当然，这种板上钉钉的观点无法解释我们为什么能够学习。现在我们都认识到了神经具有可塑性——大脑具有改变自身的能力。神经系统是动态的，学习会带来大脑体积的改变，以及神经纤维与突触的相应改变。

与加州大学洛杉矶分校的新闻稿所提出的灰质一生保持不变的观点相反，大量证据表明，灰质会在人们学习的时候增加。在教猴子使用工具的实验中，研究者发现，猴子经过一周的训练后，其大脑中相应脑区的体积增大了。为了获得驾照，伦敦的出租车司机必须记住伦敦的街道布局，这显著增加了他们海马后部的灰质数量，该脑区被认为对空间导航非常重要[14]。

与加州大学洛杉矶分校的新闻稿相矛盾的是，汤普森的研究确实反映了经历会不断塑造我们的大脑："感觉刺激或剥夺、营养因素及教养会使髓鞘在一生中发生很大改变。"令人奇怪的是，汤普森还提出了与他自己的结论相反的论点："遗传对大脑结构的影响并不意味着环境因素没有作用于髓鞘的改变。在许多案例中，有益的基因与环境具有高度相关性，例如，天资聪颖的人倾向于寻找能够促进和改善大脑功能的活动与环境。"[15]

想象你天生具有欣赏音乐的倾向。在一家二手乐器商店里，你看到一支非常棒的大号。你利用业余时间练习大号，聆听乐曲。你大脑中的大号回路很快得到了改善，神经连接能够更顺畅地发挥作用，信息加工的速度也变得更快。在这种情况下，你天生对音乐的偏好使你大脑中大号回路的髓鞘增厚了。大脑这种局部的改变并不会反映出与这个脑区相关的遗传成分，更不会反映出与行为相关的遗传成分。在提出增厚髓鞘能够改善智力之前，我们需要知道髓鞘厚度的增加是智力提高的原因，还是正相反，是智力提高的附带现象——提升智力的因素顺便也影响了髓鞘。

在前文中，我建议你阅读每一项研究时，就好像它们是法庭上的专家证人。汤普森的研究肯定够资格做专家证人，因为它经过了同行评审，而且被发表在一家重要的神经科学杂志上。如今汤普森的研究被反复引用，以表明功能性磁共振成像能够提供智力的替代性标识物，并且证明"智力是一种遗传特征"[16]。当然，智力中存在遗传的成分。但是我们不能说智力完全由遗传决定，或遗传对智力完全没有作用。正如历史一再警告我们的，与人类行为遗传性有关的还原论主张，很有可能导致误用和滥用。记住，类似的逻辑跳跃以及对孤立而可疑的科学数据的滥用，会成为人种改良实践的理论基础。

"第二十二条军规"

最近有一项研究体现了大脑体积决定认知能力的另一个侧面。这项研究提出体积过大的大脑导致了注意力不集中[17]。伦敦大学学院的研究者用功能性磁共振成像比较了"容易分心"和"不容易分心"的被试的大脑。他们对注意力不集中的测量方法是，让被试对自己没有注意到路标，或经常忘记为什么去超市的情况进行评级。研究者发现最容易分心的被试左侧上顶叶中的灰质比较多。为什么某个脑区神经元数量的增加会与注意力受损有关呢？虽然原因还不清楚，但主要研究者金井良太（Ryota Kanai）提出了一个非常有趣的论点。

当我们从婴儿成长为成年人，大脑皮层中的神经元数量大约会减少50%。尽管我们目前还不知道这种"修剪"背后的确切机制和原因，但流行的理论认为，被修剪掉的神经通路可能在发育早期是有用的，但在我们建立更复杂、更精细的认知加工时，它们不再有用了。随着我们的成熟，很少使用或不使用的神经元会被修剪掉，使大脑在生理和代谢上变得更有效率——当建造完成后，"脚手架"会被拆掉。金井提出，灰质较多可能是大脑不够成熟的表现，它反映出的是轻微的发展障碍，而不是功能性增强的表现。根据金井的观点，这与儿童的灰质比成人的灰质多，且儿童比成人更容易分心的发现是一致的。

无论你对这些研究发现怎么看，你一定很敬佩科学家的机智，他们只用一个测量值，即大脑体积，就能证明被试习得了新的信息，比如一种运动技能（学会使用工具的猴子的前运动皮层增大了），或者以此作为发展缺陷的证据。这个论点特别聪明的地方在于它既无法被证明，也无法被反驳。只有通过非常辛苦地数每个大脑组织单元中神经元的数量才能间接地推断出是否发生了"修剪"，而且不能对活着的被试进行这样的测量。"修剪"只是一个统计学概念，在生命体的个体层面上它是不可检测的。

金井的发现引出了一个更大的问题——用单一的数据证明大脑体积与特定神经功能之间相关关系时固有的局限性。在得克萨斯大学的一项研究中，研究者训练老鼠学会区分两种类似的低频声音。在学习的过程中，加工低频声音的听觉区域显著增大了，这与学习活动会产生新的神经元或新连接的观点是一致的。然而，大约一个月后，虽然老鼠依然保持着分辨两种声音的能力，但扩大的区域却缩减到最初的大小。让我们暂时对上述学习活动进行一下综述，似乎获得新技能与大脑体积暂时增加存在相关性，

11 神经科学能解剖我们的思维吗

但技能一旦习得，大脑体积便会恢复正常。

得克萨斯大学这项研究的主要发起人迈克尔·基尔加德（Michael Kilgard）的解释与金井的发现是一致的。我们通过试错进行学习，我们的大脑也是如此。它创造出一些连接，试图解决某个问题。一旦找到了最佳解答，其他不太有用的连接就变得不再必要了，会被过滤掉。根据这个论点，我们可以预期到修剪过程将会持续一生。这是大自然消除试错后遗留的碎屑的方式。更进一步的推论是：整体及局部的大脑体积都是动态的，并非固定不变。仅依赖某一时刻某一点的数据得出结论，就像在势均力敌的赛马比赛中拍一张快照，然后根据这张照片推断出哪匹马会赢。

再回到有关爱因斯坦的讨论上。有人可能会说，超群的智慧能被塞进正常体积的大脑中，这恰恰可以证明，当思维沿着宽阔的高速公路，而不是曲折的乡间小道行进时，可以带来更加有效的修剪和出众的信息加工能力。或许爱因斯坦的大脑在思考相对论时是巨大的，但当他得出 $E = mc^2$ 的公式时，大脑的体积便缩小了很多。另外，我们不知道修剪的过程是如何发生的。或许这是胶质细胞的功能。据说爱因斯坦大脑的数学中枢中的胶质细胞数量增加了，或许这就是神经不断进行修剪的证据，而不是证明了胶质细胞具有某种其他的特殊作用。同样，如果修剪影响了神经连接，那么它对髓鞘的厚度和完整性可能也有影响。总之，当某个解剖学发现具有多种可能的解释时，我们应该特别小心谨慎。要想获得大脑局部或整体的大小与某些特质（比如智力）之间合理的相关关系，需要我们深入理解某一个体一生中发生的所有解剖学和生理学变化。这将是可能性非常低的技术壮举。

然而虽然我们拥有了杰出的技术，能够将我们所假定的大脑体积的改变视觉化地呈现出来，但它依然只是一种神经科学的基础工具。如果技术被错误地使用，其结果常常几近完美。一个特别惹人注目的例子便足以说明问题。

神经科学的"知"与"不知"

2011年5月的《科学美国人》上赫然列出了这样的标题:"宗教体验使某些脑区缩小了"[18]。

杜克大学对几百名中年男性和女性进行了功能性磁共振成像研究,目的是查看压力对大脑海马体积的影响,海马是加工情绪和形成记忆的大脑结构[19]。过去的研究通常显示海马萎缩与严重的压力有关,比如受到严刑拷打的人或集中营囚犯的海马便会萎缩。在这项研究中,除了评估整体的生活压力之外,研究者还详细询问了被试的宗教信仰、宗教从属关系,是不是"重生"基督徒或者有过改变人生的宗教经历。研究结果表明:被试自己评估的整体压力水平与海马的大小之间没有显著的相关性,但是出现了基于宗教信仰的个体差异。研究者发现,有过改变人生的宗教经历的被试的海马明显发生了萎缩。与非重生的新教徒相比,重生新教徒、重生基督徒和没有宗教归属的被试的海马萎缩得更严重[20]。

研究者的结论是:某些宗教群体的海马萎缩可能与压力有关。他们的理论是,宗教少数派中的某些个体,或者那些为信仰而挣扎的人会感受到更大的压力,这导致身体释放应激激素。我们知道经过一段时间后这些应激激素会缩减海马的体积。这或许也可以解释为什么没有宗教信仰的人和一部分有宗教信仰的人的海马都会比较小。

11 神经科学能解剖我们的思维吗

如果你在像《科学美国人》这样享有盛誉、广受欢迎的科学期刊上看到这项研究，会怎么评价它？美国托马斯杰斐逊大学（Thomas Jefferson University）整合医学中心的研究室主任安德鲁·纽伯格（Andrew Newberg）评价道：

> 研究者提出了一个貌似讲得通的假设。他们还提到了这些发现的局限性，比如样本比较小。更重要的是，有关大脑的发现与宗教之间的因果关系，很难被明确地证实。例如，有没有可能海马较小的人更倾向于具有某种宗教特质，将因果关系的箭头颠倒过来呢？另外，可能真正重要的是导致那些改变人生的事件发生的因素，而不是事件本身。既然大脑萎缩是此前发生的所有事情的结果，我们就不能明确地得出结论，认为最强烈的体验就是导致大脑萎缩的事物，还有很多潜在因素可以导致同样的结果。（压力导致海马萎缩是研究者提出的潜在假设之一，但研究结果显示，压力本身与海马的体积不相关，这多少也是有问题的，它似乎削弱了结论。）有人会问有没有可能虽然更虔诚的被试承受着更大的内在压力，但他们的宗教信仰多少对他们起到了保护作用。宗教常常被认为是一种应对压力的重要机制。

纽伯格的最终结论是：

> 这项新研究很有趣，也很重要。它使我们更多地思考宗教与大脑之间关系的复杂性。这个学术领域被称为神经神学，它大大促进了我们对宗教、灵性和大脑的理解。继续研究宗教对大脑的短期和长期影响是非常有价值的。目前我们能确定宗教会影响大脑，只是不确定它有怎样的影响[21]。

暂且忘掉这番评论可能存在着隐含的动机——纽伯格是《改变大脑的灵性力量》(How God Change Your Brain)[22]的作者。暂且无视研究本身的逻辑问题，比如发现整体压力水平与海马萎缩无关，却提出压力可能是导致有过改变人生的宗教经历的被试海马萎缩的原因。最令人吃惊的是纽伯格提出的替代性假设，即海马的大小可能反映了具有某些特质的潜在倾向。这就像是在说大脑的体积会决定我们是否是新教徒、重生信徒或无神论者。如果把宗教选择归因于解剖结构的差异也可以被视作科学，那么颅相学就是绝对真理。

2007年，英国皇家学会在其一流的生物学研究期刊上，发表了一篇对25年来有关大脑尺寸与行为的研究结果的批评文章："我们都知道相关关系并不代表因果关系，但解释研究结果始终离不开因果关系。"[23]英国皇家学会指出，神经科学家无视历史教训，对以前和现在的提出同样问题的研究一无所知，对收集的数据总是不充分，没有进行适当的证实研究（尽管这是可以做到的），把相关关系局限于那些能够证实他们假设的数据，并把相关关系作为因果关系的证据。

是否有神经科学家注意到英国皇家学会的批评呢？我再举最后一个把解剖技术作为神经科学潜在重大突破的例子。

连接最大化

2010年12月，《纽约时报》报道称，哈佛大学和麻省理工学院的一群研究者发现了一种揭示大脑完整布线图的方法。为了让这项技术尽可能地精确，他们先把老鼠的大脑切成只能在电子显微镜下才能看到的超级薄的薄片。细致地拍摄每一片的照片，然后重新组装起来，形成合成图像。图像能够显示出神经系统中每个神经细胞之间的每个连接。他们最终的目标是把这种技术应用到人类大脑上，建立心智的完整地图[24]。研究者把这个项

11 神经科学能解剖我们的思维吗

目类比为人类基因组项目,认为它将揭示人类的心理构成,包括记忆、人格特征和技能是如何被储存的。2010年9月,美国国家健康研究所拨给他们4 000万美元的研究经费,用于完成"人类连接组计划"。

要想对这个项目有多么浩大有所感知,想一想涉及的数字即可。时至今日,他们只获得了一条蠕虫(秀丽线虫)的解剖布线图。它描绘了300个神经元以及它们之间的7 000个连接,绘制这幅图花费了10年时间,其中付出的努力足以赢得诺贝尔奖。老鼠的大脑中有1亿个神经元,每个神经元又有许多连接。据估计,每立方毫米的老鼠大脑中容纳的信息量需要1拍字节①的存储空间,同样的空间能够供Facebook存储400亿张照片。人类大脑有1 000亿个神经元以及100万亿个突触,存储它们的图像需要100万拍字节的存储设备。根据参与这个项目的哈佛大学分子与细胞生物学教授杰夫·里奇曼(Jeff Lichtman)的说法:"目前,世界还没有为人类大脑100万拍字节的数据做好准备,但是它会准备好的。"

乍一看来,收集和存储数据似乎是一个巨大的挑战。但是即使这些障碍都能够被克服,我们能够从中获得什么知识呢?研究者假设,在任一时刻的快照就足以为我们提供大脑长期的布线图,虽然他们知道大脑是动态的,它的连接会不断发生改变。但是大脑布线图的前景太诱人了。

加州大学欧文分校的神经科学家加里·林奇(Gary S. Lynch)说:"如果没有这张蓝图,对于最初把人们吸引到神经科学上的最深奥而有趣的问题——什么是思想和意识,我们将永远得不出任何答案。"[25]

好吧,让我们假设实现了理论上的那一天,我们拥有了每个时刻、每个神经元、每个连接的完整布线图。由于这项技术需要在人死后对大脑进行解构,再将超薄的大脑切片重建,因此我们不可能对被试进行访谈。我们需要找到代表思想或情绪的解剖对应物。但是坏脾气的念头不会表现为

---

① 1拍字节=1024^5字节,即1 024TB。——编者注

愤怒的神经元，好心情也不会表现为突触小泡里的笑脸。想法没有带着标签，上空也没有盘旋着卡通风格的气球。我们依然要面对相同的问题：只有通过与被试的直接交流，我们才能知道意识的内容。而在人类连接组计划中，我们无法与被试进行直接的交流。

如果林奇是对的，许多科学家被神经科学所吸引的原因是他们想要理解思维和意识，那么大学职业顾问应该留意一下，揭示大脑布线情况的职业无法让未来的科学家离答案更近一些。如果人类连接组计划的技术成功了，那么它会为研究大脑各个部分如何互动，提供壮观而有价值的蓝图。但是相信大脑布线的知识能够告诉我们意识的本质，就像通过查看各个部件的布线图来预测一套音响会发出什么声音一样。即使你非常了解一些信息如何被转化为声波，也不会单凭布线图来购买一套立体声音响。布线情况无法预测有意识体验的性质。

然而人们对人类连接组计划具有宗教般的狂热。想一想麻省理工学院计算神经科学教授兼连接组计划的联合创始人承现峻（Sebastian Seung）在TED大会上的演讲。

在演讲一开始，承现峻让观众和他一起说："我是我的连接组。"承现峻认为想法、人格特征和记忆都储存在神经元之间的连接中。为了证明这一主张的真实性，他提出，我们应该能够直接从大脑连接中读取记忆。他说："记忆以一系列突触连接的形式存储在你的大脑中，要想检验这个理论，有一种方法是寻找连接组中的一系列突触连接。我们从连接组中恢复的神经元的顺序，应该能够预测出回忆时大脑中重演的神经活动。如果这能取得成功，那么它将是从连接中读取记忆的第一项实践。"

11 神经科学能解剖我们的思维吗

在承现峻充满热情的预测中，遗漏了通过查看突触痕迹了解某个想法的内容的方法。不过没关系，承现峻继续说，如果运用人体冷冻技术冷冻的大脑保存了连接组，那么那个人的记忆就能够复活。然后他以非常乐观的展望结束了演讲："连接组将标志着人类历史的转折点……最终这些新技术将变得非常强大，我们将运用它们来理解我们自己。我相信每个人都能走上自我发现之旅。"[26]

让我们简要总结一下。承现峻认为我们能够从大脑布线图中直接读取出记忆，如果神经回路能够避免死后的改变，那么我们死后这些记忆依然会被保存着。他认为这一研究将成为人类历史的转折点。而我认为这是基于信念的神奇思维的最佳实例。承现峻的信念是，我们的突触和突触连接充分代表了心智以及心智的内容。

> **Mind 局限与突破**
>
> 人类神经连接组项目或许能获得帮助人们理解疾病与心理障碍的重要信息。但是认为揭示解剖结构就等于揭示思维和记忆却是一个巨大的错误。了解解剖学是很有必要的，但它不足以理解心智。

> 最早的人类可能不知道
> 他们的思维在哪里结束，
> 野兽的意识从哪里开始。
>
> **多丽丝·莱辛**
> Doris Lessing
> 谈论戴维·劳伦斯（D. H. Lawrence）的《狐狸》

12

神经科学能解释善恶之源吗

以下哪种说法看起来最合理？

- 协助判定上文中孟买女子毒杀其未婚夫案①的脑电波测谎技术创始人，尚帕迪·穆昆丹（Champadi Raman Mukundan）说："人类并非注定该被大自然所控制。人类一定会控制大自然。"

- 斯蒂芬·霍金则说："哲学已死。"[1]

- 理论物理学家弗里曼·戴森（Freeman Dyson）说："科学不是真理的集合。它是对奥秘的不断探索。"[2]

---

① 该案为全球首例以脑部扫描结果作为判决凭据的案例。——编者注

12 神经科学能解释善恶之源吗

在学习神经科学时,我曾听神经生理学家约翰·埃克尔斯(John Eccles)描述他获得诺贝尔奖的研究项目。在加州大学旧金山分校挤满科学家的小小会议室里,呈现完数据后,他关上投影仪,从讲台后面走出来,靠在旁边的桌上平静地说,我们的心智和大脑是两种独立的存在体。我记忆最深刻的是,他通过关掉投影仪并从讲台后走出来这一行为,有意识地将这一评论与演讲中科学的部分区分开来,以此表明他对心智的评论是推测性的,并非基于硬科学。听众明白其中的差别。毕竟,埃克尔斯是一位神经生理学家,不是哲学家。没有人会真的认为这两个领域有很多共同之处,或者认为他深奥难懂的言论只是在专业领域以外进行的遐想。(大约在同一时期,我听到了一位英国杰出哲学家的俏皮话,他说大脑是脊髓末端为了防止散开而打的结。)

约翰·埃克尔斯的行为应是对每个用脑科学来解释心智的研究者的警示。埃克尔斯对基础神经生理学的重大贡献,为我们理解突触传递铺平了道路。与此同时,他对身心二元论的思索被人们丢弃在过时理论的垃圾桶里。幸运的是,埃克尔斯知道,不要把个人想法作为硬科学呈现出来。

时过境迁,研究大脑的尖端工具在飞速发展,神经科学界普遍把大脑和心智同等看待(或认为大脑产生了心智),这样便使一种信念在科学家和普通大众中拥有了永久存在下去的理想环境。这个信念就是:神经科学将为古老的哲学谜题找到答案。

在过去的几十年里,神经科学从没有什么实际应用。而现在,大众不太了解的低调的实验室项目变成了一个备受瞩目的领域,在知识界拥有了权威性的地位[3]。好消息是,大众突然高涨的、对大脑的兴趣吸引了一些最聪明的学生,使得大脑研究能够获得更充裕的资金。最重要的是,这使我们

> 得以对大脑功能进行深入的洞察。而神经科学家承担起"哲人之王"这个角色的不利方面在于,他们会想当然地进行超出他们训练与专业的推测和概括。

在他们为哲学问题寻求科学解答的热情中,容易被忽视的是令人难以接受的现实,即他们无法解答许多有关心智的哲学问题的原因,不在于他们缺乏科学才智和创造性。许多问题本身便充满了错误的假设、相互对立的矛盾、明显的悖论和无法用科学解决的理论难题。

举一个最好的例子,简略地思考一下自由意志的问题。尽管我们很快会想到各种各样的哲学观点,但让我们先花点时间理解一下这个概念的起源。我们都体验过自我意识、能动感、努力感、选择感和因果关系感,这些无意识的心理感觉共同创造了拥有选择和做出选择的感觉。无法想象如果没有这些感觉,我们对自由意志的构想就类似于一棵树思考心碎的意义。所有关于自由意志的哲学立场都源于解释无意识感觉的内在愿望。无论我们的思考多么深邃,我们都背负着一个固有的悖论,那就是自动的、"硬连线"的心理状态告诉我们,我们可以自由地进行选择,自由地按照一时的兴致采取行动,但科学告诉我们所有的行为之前都具有一个引发该行为的生理原因。

关于是否存在自由意志的论点,理由都很充分,但它们之间相互矛盾,这会令人产生智力上的眩晕。没有任何论点能够免于悖论和逻辑上的不一致[4],甚至连"自由意志"这个说法也是多余的:难道意志还有什么其他类型吗?在这样一个由无意识感觉所引发的、受到个人知觉影响的问题中,我们期待得到什么?

在本章中,我们将探讨神经科学的一些重要领域。在这些领域中,对

12 神经科学能解释善恶之源吗

相互矛盾的哲学与科学原则不加批判的混合，造成了一些极端的主张，它们涉及各种各样的主题，比如道德判断、性格与智慧的本质，以及什么是"真实"。

从动物行为中剖析人类的道德

认知科学和道德哲学告诉我们，道德与性格具有生物学的根源。这一点儿都不令人吃惊，难道它们还能源于其他什么地方吗？除非你相信道德原则独立存在于乌托邦中，否则你会认为道德和性格源于我们的热情、信念、愿望、思想和经历——所有这些都反映在了我们的生物特征中。

如果我们得出结论，认为道德完全由人天生的生物特征所驱动，那么我们对自身的看法会相当悲观。如果与之相反，我们否认生物特征在决定道德与性格上发挥着重要作用，那么我们便在与很有说服力的证据唱反调。当然，事实上大多数人并不相信这两种极端的情况，而认为道德与性格是先天与后天相互作用的结果。这类观点的问题在于，它使得我们不能对行为进行归类，而这是科学研究所必需的。

请思考一下公平这个主题。我们对公平的追求，以及做出符合道德的选择，长期以来被认作将人类与其他动物区分开来的特征。其潜在的假设是，符合道德的选择源于有意识的决定，只有人类有这个能力。然而证据显示，在进化的早期便出现了公平感，我们很容易在乌鸦、狼、家养犬、卷尾猴和黑猩猩身上观察到公平——而这些动物曾经被认为不具有"道德生活"，或者不具有推理能力。

黑猩猩和倭黑猩猩会自发地给同伴打开门，让同伴得到食物，尽管在这个过程中它们会损失一部分食物。作为"无辜旁观者"的乌鸦在看到一只乌鸦偷另一只乌鸦的食物时，会攻击偷食的乌鸦，虽然这不会给它带来任何收益。卷尾猴会玩动物版的最后通牒游戏，用游戏币来为其他卷尾猴获取食物，即使这意味着自己获得的食物会比较少。

尽管有人会说这一行为过度解释了没有言语能力的动物，但公平行为潜在的共同特征似乎是物种的社会本质。看起来，社会化动物为了使物种的生存率达到最高，进化出了公平和不公平的感觉。但是我们依然不知道在动物体验的层面上，公平到底是什么。愤世嫉俗者可能会认为，做出公平行为的动物也是骗子，它们在为未来的行骗积累目标。热爱动物的人会把这种行为看成同胞间的慈悲。不过有一点大家都会赞同，那就是看起来像道德行为的行为，不需要正式的语言或复杂的推理过程。

外推到人类，如今这个领域的许多专家也认为，我们的道德判断主要由潜在的情绪和心理感受所引发，有意识的心智事后会对行为合理化。弗吉尼亚大学心理学家乔纳森·海特说："事实上，情感掌控着道德的圣殿，道德推理只是一个假扮成大祭司的仆人。"[5] 海特认为，事后推理并不是为了找到观点的正确性，而是为了说服其他人（也包括我们自己）我们是正确的。有些研究者更深入了一步，认为道德判断类似于美学判断。我们将采用与判断一杯咖啡是否香醇可口，或一幅绘画作品是否美好杰出相同的方式，来发自肺腑地评判一个决定在道德层面上是否正确。

关于情感对道德的决定作用，最著名的假想实验是经典的有轨电车实验。实验的简化版本为：一辆有轨电车在轨道上快速行驶。轨道上有 5 个人，他们面临着即将被飞驰而来的电车撞死的危险。但是如果你拉动一个操纵杆，电车便会转向另一条轨道，而那条轨道上站着另一个人。当被问及如何选择时，大多数人表示他们会拉动操纵

12 神经科学能解释善恶之源吗

杆,撞死1个人,救下那5个人。但是,当把条件变成把一个人推到铁轨上,电车撞上这个人便会停下来,另5个人因此得救时,几乎没有人愿意把那个人推到铁轨上。

　　这个实验有多种可能的解释,由此产生了一个被称为"有轨电车学"的学术课题。普遍流行的解释是,当我们自己没有被卷入进去时,便比较容易做出理性的决定,但我们难以克服与个人关系密切的基本情感。尽管人们知道结果是一样的,但固有的厌恶和排斥会优先于"杀1救5"的功利性推理。

　　对精神病患者的研究证实了生理对道德决定的作用,即反复出现反社会行为的罪犯没有任何忏悔感。加工情绪的脑区受到明显损伤的人会认为,把一个人推上铁轨与拉动操纵杆在道德上是等同的。从功利的角度看,由于没有共情、厌恶和反感等情感上的拉力,精神病患者更有可能采用相同的推理过程——杀1救5。这个决定只涉及计算,不涉及矛盾的情感。

　　有些人则运用相同的研究资料得出了相反的观点,即厌恶和反感这样的情感体验并非先于道德决定并引导着道德决定,而是伴随着道德决定而来。这个180度大逆转的观点认为,精神病患者像健康人一样做出了相同的道德判断。做出这类道德判断似乎不需要正常的社会情感加工。研究者最终的结论是:"精神病患者知道什么是正确的,什么是错误的,只是不在乎。"[6]

　　我们解释这类研究的方式,会带来一系列衍生的社会及法律问题。如果我们认为精神病患者是在生理上不能控制自己的暴力行为,而不是满不在乎、冷酷无情的罪犯，那么我们对待他们的方式会非常不同。但是我们能在认知科学的基础上做出这样的判断吗？我们能够不先解决意图的本质这个问题，就进行这样的区分吗？这类实验室实验是否表明了我们在日常生活中的反应方式？运用脑成像研究，我们是否能确定一个决定或行为中的道德成分？

让我举几个亲身案例来说明。因为在大学时学的是文科，所以我只学了一门生物学的入门课程。由于我错过了解剖青蛙的那堂课，因此第一次在医学院上解剖课时可以说毫无准备。解剖室里摆满了盖着无菌单的遗体，透过几扇巨大的窗户，我们可以看到金门大桥的壮观景象。指导老师在赞美完学习解剖学的快乐之后，我们按照指示拉下无菌单。刹那之间，25具遗体映入眼帘。其他学生拿起他们的解剖刀，开始忙活起来。我一动不动地站着，充满了厌恶、局促、恐惧和焦虑感。我还记得当时我想离开解剖室，离开医学院。不过我没有离开，而是指责我的新实验室同伴对遗体缺乏尊重，因为他让遗体的脸暴露出来了。为了表明我的态度，我探身过去，用一块毛巾盖住了遗体的脸。一个月后，随着我对这一套程序的熟悉以及对人类身体越来越感兴趣，我的道德上的愤怒感减退了，在阅读解剖手册时，我会把胳膊肘支在女性遗体的下巴上。

进化生物学家认为，厌恶是生存所必需的一种重要情感。例如，难闻的气味和令人作呕的样子，会防止我们去吃腐烂变质的肉。然而如果我们想研究在看到尸体时我的厌恶、恶心和反感如何引发了道德上的义愤，那么第一个挑战是，确定这样的情感是初级的，而不是由另一种心理状态触发的，比如不熟悉感、局促感、对灵魂或对死亡的恐惧。这种复杂的心理状态相互作用从而界定了人生体验，但只有当这些发挥作用的心理状态在某个时刻被一起激活时，功能性磁共振成像才能显现出这种体验。

接下来，我们不得不再一次回到基线测量的问题上。

现在不代表将来

思考一下学习弹钢琴时涉及的心理活动和动作技巧——从你肘部的位置到手指敲击琴键的角度。当你成为杰出的钢琴家时，你便不再需要意识到演奏某个曲目所必需的每一个要素了。你不再需要总是提醒自己手的姿势应该如何，脚应该放在什么地方。相比第一次弹钢琴，需要付出的努力减少了。较少的努力等于较少的代谢需要，也就相当于在功能性磁共振成像上，这些区域被激活的可能性减小了。在学习一项技能时，相应脑区的灰质会暂时增加，原因便在于这项普遍的原则。一旦学会了，不再需要的神经连接会被淘汰掉。

如果你已经学会了胳膊要伸出多远，不再有意识地思考你的姿势，这种潜意识知识就可能会转化为低层次的大脑活动。每当你坐在钢琴前它就会出现，不再是功能性磁共振成像能够探测到的大脑活动的暂时性突然增加。这也是测量大脑基线活动的问题，和我们在第 9 章中讲述的皮特因潜意识报复麦克的故事中看到的一样。

如果我们认为道德决定的一部分取决于当时的情境，一部分取决于不断发展的生物学倾向以及生活经历的累积作用，那么功能性磁共振成像能够提供道德决定相关要素的完整写照这一结论，便是值得怀疑的。如果在第一堂解剖课上我戴着超级扫描仪，那么当我感到厌恶和道德义愤时，它会显示出被激活的那些脑区，但无法准确地探测出我以前就存在的忧虑或对死亡的恐惧，它们作为我人格中低等级的方面，长期存在于背景中。

神经科学的"知"与"不知"

研究道德生物学的另一个问题在于,我们如何对某种行为进行概念化。最近在高速公路的匝道上,我被一辆福特F-150卡车追了尾。没有人受伤,但我的新车后备箱凹了进去。通常情况下,如果他人的愚蠢和粗心给我造成了损害,我会很生气,充满了愤怒之情。但是那次开卡车的是一位带着两个年幼孩子的年轻母亲,两个孩子都在前座上,他们又哭又闹,尖声叫喊。那位妈妈解释说她在一边开车一边给其中一个孩子喂奶。她的手机不能用了,也找不到驾照,而且保险也过期了。令我感到吃惊的是,我拍着她的肩膀说:"不要担心,你会没事的。"我的动作和言语让我自己和她都很吃惊。直到今天我依然无法解释当时的行为。从现在我们所讨论的内容来看,也就是说我无法用任何科学的方法把它分解成可测量、可分析的事物。

或许是我发生了轻微的脑震荡,让我变糊涂了。或者身体没有受伤让我大大松了一口气。我记得在我安慰她之后,跳入我脑海的是"生活多么不公平",那位女士的生活可能比我的生活更艰难。在等待拖车的时候,我思考着公平的本质。我之前认为公平的概念是一个纯粹的认知决定——个人权利与责任的平衡。现在我疑惑公平是否是一种表达,它的根基在于某人在世界中的地位感。我自己行为的潜在触发因素可能包括我对幸运和不幸的理解,我对感恩和权利的个人认识,以及我对其他人的关心与尊重。

12 神经科学能解释善恶之源吗

这个问题也是最近关于挑选最高法院法官的最佳方式是什么这一争论的核心。奥巴马总统说:"在我看来,共情的特质,以及对人们的希望和努力的理解与认同是做出公正决定、实现合理结果的重要因素。"[7] 在比尔·班尼特(Bill Bennett)的《美国的早晨》(Morning in America)广播节目中,前共和党全国委员会主席迈克尔·斯蒂尔(Michael Steele)说:"我不需要一个会为我的对手糟糕的生活境遇或处境感到难过,因此就克扣我根据法律获得应得的公平待遇的机会的法官。"法律学者兼芝加哥大学的法学教授理查德·爱泼斯坦(Richard Epstein)似乎也同意这个观点。"在运作企业、慈善机构和教会时,共情很重要,"他说,"但法官的功能非常不同。他们解释法律,解决纷争。奥巴马不应该倾向于他最喜欢的群体,而应该遵从历史悠久的法官形象:手持正义天平的蒙眼女神朱蒂提亚。"[8]

在这两种相反的观点中,你所选择的立场取决于,你在多大程度上把公平看成心理感觉而不是有意识的决定。对我来说,公正的一个主要构成是,能够在理智和情感上设身处地地为他人着想。对于那些相信公平来自有意识的思考的人来说,缺乏共情会被视为一种积极的特质——能够把个人感情放在一边,做到客观。尽管这纯粹是推测,但我怀疑在看待公平问题上的这个基本差异,是造成全球党派政治增加的核心原因。对一个人的公平是对另一个人的不公,比如关于堕胎、移民、死刑或税收。

不幸的是,没有任何方法能够告诉我们公平的真正本质。没有哪个大脑中枢在受到刺激后会让人产生公平感。当做出道德选择时,也没有哪个脑区会被激活,我们无法一路追溯到某个"公平"神经元。最终,我们让无意识的感受和知觉来决定了这个抽象概念的本质,而这个概念可能会决定人类文明的未来。

然而加州大学洛杉矶分校的神经科学家萨姆·哈里斯（Sam Harris）[①]并不是这么认为的。哈里斯被称为新无神论运动的领袖人物，他相信人们能够在大脑中精确地定位道德与公平。在《道德景观》(The Moral Landscape)的前言中，他主张：

> 有关价值观、意义、道德和人生目标的问题，确实是关系到有意识生物的幸福的问题。价值观被转化为可以用科学来理解的事实。有些事实可以用来理解，人类的大脑中如何产生了思想和意图；有些事实可以用来理解，这些心理状态如何被转化为行为；还有些事实可以用来理解，这些行为如何影响着世界以及其他有意识生物的体验。这类事实充分体现了我们对诸如"善"和"恶"这类词汇的所有理解[9]。

哈里斯相信，科学将使我们能够"识别出心智的哪些方面导致我们偏离了事实推理和道德伦理的准则"[10]。然后他提出了一个具有飞跃性的观点，认为通过这类知识，我们能够了解什么行为最有利于整个人类的幸福。但是对于那位年轻妈妈和我自己来说，并不存在那样一种科学事实，把我们的心理状态转化为从科学角度来看最佳的行为模式。

即使哈里斯有完美的神经科学来支持他的主张（其实并没有这样的神经科学），我们依然不知道如何用科学来探究什么是美好的人生。想象一个虚构的社会，其中存在并盛行着纯粹的理性。100%的被试会把那个人推上铁轨，挽救另外5个人的生命。从表面上看，这与拉动操纵杆让火车改变方向是一致的，这标志着理性超越了不那么高贵的非理性直觉。有人甚至会认为这样的社会是集体幸福最大化的社会。

[①] 萨姆·哈里斯作为美国著名哲学家、认知神经科学博士，他勇猛地将科学之剑指向道德世界，解开了"八大未解哲学问题"之一"我们有自由意志吗"。其著作《自由意志》中文简体字版已由湛庐文化策划、浙江人民出版社出版。——编者注

12 神经科学能解释善恶之源吗

但是你想生活在这样的社会中吗？每个人都漠视个人情感，无论它有多么不理性，只为了符合功利主义的算法。当你知道朋友或邻居帮助你摆脱危难的行为，完全可以通过有关共同利益的实验预测出来，那么你会如何看待你的朋友或邻居？这些问题没有道德上的正确或错误（我也不是在鼓吹一种社会优于另一种社会）。你对这些问题的回答，只是反映了你对选择在哪种社会中生活的偏好。

让我们在逻辑上把哈里斯的论点推向极端，请想象这样一个时代。在这个时代中，科学发现恋爱就是催产素达到了极高的水平，智力取决于髓鞘的厚度，目标感只不过是边缘系统被激活了。以这个角度看人类的本质，有些人找到了安慰和道德方向，而有些人则会感到惊恐，因为他们要通过这样的事实来认识道德，完善自己的生活。

如果说科学的目标是揭示什么能够为我们带来最大的幸福，我们仍需要理解"幸福"的含义是什么，"我们"指的是每一个个体（自由主义），还是整个社会（功利主义）。即使我们有充分的证据证明吸烟会导致肺癌，赌博是一种破坏性成瘾行为，电视有损大脑，互联网破坏注意力的持续时间，依然存在着一个巨大的哲学问题，即人们应该/可以/必须怎么过他们的生活[11]。相信神经科学能够提供这些问题的答案，就等于相信凌乱的人类行为能够被简化为科学事实。这是我所能想象的科学上最无法检验、仅基于信念的观点了。

从性格研究看神经科学

> 愚弄我一次，错误在你；愚弄我两次，错误在我。

认为神经科学能够重新定义性格的本质，同样是目光短浅的。成为好人的核心原则之一便是有"好性格"。从教养孩子到学会成为家庭、团队、公司的一员，所有事情的基础都是性格。在我们评价他人和我们自己时，性格被排在特征清单的最上面。正如希腊哲学家赫拉克利特所说的，"性格决定命运"。但是什么是性格？我们怎么知道自我（由大脑形成且不断变化着的虚拟架构）具有性格？

最新的认知科学研究显示，性格最多只有一部分真实性。环境会不知不觉地对我们的行为产生巨大的影响。常常被引用的例子之一是，食物的香气会让人变得慷慨。在一项经典研究中，相对于没有什么气味的干货店，当在香气扑鼻的面包店外面时，陌生人更有可能帮人换1美元的零钱[12]。与之类似，清新的气味（通常是柑橘味）能够增加被试善意的行为。在一项研究中，相对于没有气味的房间，在刚刚喷过柑橘味清洁剂的房间里，被试会表现出更多的相互信任和慈善[13]。对内在性格决定道德最具毁灭性的驳斥，可能源自一项经典研究。在研究中神学院的学生要去做有关道德的演讲，当他们觉得自己可能迟到时就不会停下来帮助路边的陌生人。

另一个臭名昭彰的例子是，20世纪60年代时斯坦利·米尔格拉姆（Stanley Milgram）实施的一项研究。研究显示只要给予足够多的刺激，被试就愿意对测试对象实施有可能致命的电击。而在菲利普·津巴多①的斯坦福监狱实验中，当学生被分配了看守和囚犯的角色后，他们表现出了真正

---

① 菲利普·津巴多（Philip Zimbardo）作为享誉全球的心理学大师，他主笔写就的《雄性衰落》《津巴多普通心理学》（原书第7版）中文简体字版已由湛庐文化策划，分别由浙江人民出版社和中国人民大学出版社出版。——编者注

12 神经科学能解释善恶之源吗

的看守和囚犯通常具有的性格特征,包括"看守"对"囚犯"进行身体虐待的倾向。

环境能够显著影响我们能力的证据,产生了一个新的哲学概念,即"情境主义"。普林斯顿大学哲学家吉尔伯特·哈曼(Gilbert Harman)最近写道:"将性格特点归因于个人,通常具有很大的误导性。甚至可能不存在所谓的性格,根本没有人们通常认为存在的那种性格特征,也没有道德和罪恶。"[14] 华盛顿大学哲学及神经科学教授约翰·多里斯(John Doris)建议,放弃从广泛的性格特征(比如诚实、勇敢、自立)的角度来思考人类的行为与道德能力[15]。

我怀疑是否真的有人相信,性格只反映了有意识的决定。我们都知道,环境会促成意料之外的不符合性格的行为。然而性格不只是某个孤立时刻的产物,它是个人生物学特征与所有经历的积累。从包含着所有生物学倾向和经历的隐藏层的角度来看,我们很容易把情境看成一个能够触发性格变化的输入。

另外,性格不是特定的大脑功能或生物学性质,它是我们用来描述生物特征和经历如何组合起来,使得行为具有了某种可预测性的一个概念。性格是随机的——一个人可能会勤奋、值得信赖、忠诚,或者可能因工作压力而行为失常,开枪打死老板。有人之所以认为性格不存在,是因为他们是在错误的层面上解释行为的。这与因为不能定位到具体的神经元就否认疼痛的存在一样是错误的。

如果我们想理解个人的特征,比如为什么这个人比其他人诚实,我们可以对分开抚养的双胞胎进行遗传学研究,或者利用功能性磁共振成像进行研究,观察当被试决定做出诚实或不诚实的行为时,大脑的哪个区域被激活了。[16]

> 通过这类研究，我们能更好地了解当一个人说真话或撒谎时，那些正在起作用的基础机制。但是这与从大脑功能层面寻找具体的性格特征还相距甚远。大脑回路中没有诚实中枢。

尽管性格是一个抽象概念，也是我们用来评判过去的行为，并预测未来行为的可能性的一种语义学工具，但从它直接影响人类行为的角度来看，性格是存在的。举一个相关的例子：我对自己性格的理解，以及依照这一性格采取行动的决定，直接影响了我会如何写接下来的句子。在写这本书时，我敏锐地感知到，我对某些未经证实的神经科学主张具有强烈的消极情感。同时，我的潜在主题之一是保持开放的心态，思考与自己观点相冲突的其他可能性。我对自己自我表象的责任感是隐藏层的一个输入，然后隐藏层输出了我的言论。即使我对自己性格的感知完全是错误的，只是一个不可靠的个人杜撰，我把它添加到了虚拟的自我上，但这个想象出的自我表象依然影响了我的行为，就像对飞碟的信念会决定信仰者家门前的欢迎门垫有多大一样。尼采曾说："积极成功的性格不是根据你自己所知的格言来发挥作用，而是好像在它们面前徘徊着一条法令：想要成为某个自我，你便会成为那个自我。"[17]

由于性格不是具体的大脑功能便认为它不存在，这一观点是错误的，同样错误的是相反的观点，即认为性格位于某个神经回路中。思考一下最近出现的这些文章标题，比如"脑扫描或能识别懒鬼"[18]和"功能性磁共振成像显示，乐观是一种大脑缺陷"[19]。但是这类简单化的主张在以下的观念面前都相形见绌，即"通过直接的医学干预我们能够改变性格特征"。

以色列魏茨曼科学研究院（Weizmann Institute of Science）的研究者对勇气与恐惧之间的关系进行了功能性磁共振成像研究。根据被试对恐蛇问

12 神经科学能解释善恶之源吗

卷的回答，研究者把他们分为了"恐惧者"和"无畏者"。然后研究者让被试把一条活着的蛇拿着靠近身体。在那些能够克服恐惧感去靠近蛇的"恐惧者"大脑中，其特定脑区的活动比较强[20]。研究者得出结论：通过治疗增强这些脑区的活动有可能增加人们的勇气[21]。

人的性格特征源自大脑隐藏层中许许多多要素的相互作用，但它并不存在于细胞和突触的层面。性格并不纯粹是生理的，尽管固有的生物倾向促成了性格形式。性格也并不完全受环境支配。相反，性格是一个概念，是分配行为可能性的一种描述性工具。而行为源自有机体与环境的复杂相互作用。若得出结论说性格特征不存在，或者说性格特征主要是大脑的功能，可以对其进行治疗性干预，都是在错误的层面上解释行为的范例，这些都会导致对人类本质的错误看法。

认识智力

占据性格特征等级最高层的是智慧。相对于其他性质，大多数人会把智慧看成良好心智最高级的性质。那么神经科学如何评判这个崇高的主题呢？英国一位杰出的神经科学家最近提出了一套新的智力测试，这种测试将12种测量方法汇集在一起。他相信这个测试涵盖了最广泛的认知能力，对大脑功能不同解剖区域进行了最全面的测试。他将这个测试称为"智慧的12根支柱"，并指出这些测量方法"应该被称为终极智力测试"[22]。

我们暂时把有关智能的定义和有关标准化测试的古老争议放在一边，假定这些测试为我们提供了整体智能（无论它的含义是什么）的完美指标。把智慧这种复杂的特性简化为一组可量化的数值，这样做并没有考虑其他一些必要的成分，如幽默、讽刺、共情、正义感和公平感，然而这些只是智慧许多特征中的一小部分。不过让我们把这些考虑也放到一边去，先查看"智慧的12根支柱"中的两项测试。其中一项评价的是视觉空间能力，另一项测试的是在头脑中通过想象来旋转图形的能力。

想象有两个人，除了这两项对视觉空间定向与空间想象的测试以外，他们在智能的其他各方面表现都一样。假定一个人在这两项测试中表现得明显比较差，但在其他测试中和另一个人表现相同。我们能否认为这个人没有另一个空间定向能力比较好的人聪明呢？在这个时代，人生早期能力和智能测试对决定儿童在哪儿以及如何接受教育的影响越来越大，我们真的想依据他们在头脑中旋转立方体图形的速度，来判断他们是否聪明吗？奥利弗·萨克斯（Oliver Sacks）在其著作《心灵之眼》(The Mind's Eye)中描述了他自己的视觉空间缺陷，包括不能识别面孔。这是否就证明萨克斯不是一个聪明人？即使空间定向能力与整体智能存在完美的相关关系，然而能够在头脑中旋转立方体对找到实现世界和平的好方法、解决全球变暖、避免婚姻冲突或为孩子选择最适合的高中似乎都不重要。

多年来，我曾照顾过一个由于出生时大脑损伤而造成智能低下的年轻人，他患有很难控制的癫痫症。他没上过什么学，生活在旧金山的田德隆区，偶尔在二手货商店和马戏团里打零工。他和一群粗暴的人混在一起，还会做出些轻微违法的事情。有一天他来到我的办公室，告诉我他打算和一位因车祸而脑损伤的女士结婚。我还记得当他问我，一个不太聪明的人和另一个不太聪明的人结婚，他们的孩子是不是也会不聪明时，那一脸焦虑不安的神情。我印象特别深的是，他提到"不太聪明"这个说法的方式。他会反复说到"不太聪明"，语调稍有不同，似乎试着在更大的背景中解释这个词的含义。我解释说大脑损伤不会遗传给孩子。他一句话不说地低头坐着，双手放在膝盖上。然后他抬起头问道："我的'不太聪明'会成为孩子的问题吗，我的意思是，会给他带来问题吗？毕竟我不想对他造成伤害。"在我看来，这就是智慧。

把智能等同于智慧本身就是不聪明的做法，这是一种狂妄自大。这是试

12 神经科学能解释善恶之源吗

图孤立并强调心智的一个方面——智能，并且把它作为一个人的本质特征。虽然有被认为爱挖苦别人的风险，但我依然不得不说，将智能等同于智慧显然是一种自利行为，它将个人假定的智力能力转化成了道德优越感。正是这种稍加掩饰的沾沾自喜的姿态促使科学家认为，他们占据着有利的地位，可以决定道德价值、建立"万物理论"或提出"哲学已死"这样的观点。

面对现实吧

神经科学对哲学领域最显著的侵犯可能是，它相信自己能确立真理。在2010年10月25日，英国广播公司的一则新闻标题是"性欲的问题在于大脑，不在于心理"。标题下面是一张照片，照片中一位看起来很忧虑的女人在说："科学家认为大脑中血流的改变或许可以解释性欲缺乏。"这个标题和照片讲的是美国韦恩州立大学（Wayne State University）的一项研究。在美国生殖医学会（American Society for Reproductive Medicine）的年度会议上，研究者提出了这项议题。主要研究者迈克尔·戴蒙德（Michael Diamond）博士想要了解，性欲正常的女性和被诊断为有性欲减退障碍的女性相比，是否存在大脑活动水平上的差异。戴尔蒙德博士给两组被试播放色情视频。在控制组中，色情视频增强了脑岛皮层的活动，这部分脑区被认为与加工情感有关。而被诊断患有性欲减退障碍的被试没有出现活动增强的现象。

戴尔蒙德博士总结道："在患者大脑中找到生理上的改变可以为我们提供重要的证据，证明这是真实存在的障碍，而不是构想出来的概念……性欲减退障碍是一种真实的生理疾病，这项研究为此提供了生理基础。"[23] 人们将神经科学作为重新定义人类状况的工具，这种信念促使研究者相信，可以用某个脑区中血流的增加来判定什么是真实的。当被试想象三条腿的火星人在混凝土海洋中冲浪时，功能性磁共振成像显示，他的某个脑区被激活了，那么这可以证明火星人、混凝土海洋是真实存在的吗？那么虚假的心理障碍又会由什么构成呢？

人们在哲学层面对现实的本质进行的数千年思考，统统可以被丢在一边，取而代之的是，"真实"的新定义只依赖于算法驱动的计算机脑成像。这是多么不可思议啊！另外，我们都知道各种原因会导致大脑的代谢变化。如果你很沮丧、过度劳累、收入过低、厌恶人类、不与他人交往，或者这一天过得很不如意，那么观看视频中精力充沛的俊男美女云雨一番，可能并不会让你性欲高涨。这样你脑岛皮层中的血流便不会增加。这是不证自明的，一个人内心的各个方面都会影响情绪反应。大脑中负责情绪的脑区血流没有增加，并不能告诉你潜在的原因。基于大脑活动的改变来区分生理与心理，无异于狂热地信奉身心二元论。

这项研究最恼人的地方是它目空一切的解释，它把功能性磁共振成像的发现作为存在障碍的证据，而不考虑把这种行为（缺乏性欲）贴上"生理疾病"的标签将会造成怎样的长期影响。这其实是在滥用定位大脑活动的先进技术。这项技术告诉病人她有病，却不知道潜在的机制究竟是什么，甚至不清楚从可能的治疗角度来看，这个标签意味着什么。如果病人相信"我的脑子有问题"，那么这将会产生灾难性的影响。检查结果曾经不正常的人都知道，摆脱这个令人不安的结果是多么困难，即使后续的检查一再显示为正常。

令人难过的是，通过误用功能性磁共振成像的发现来证明存在争议和障碍的"真实性"是非常普遍的做法。让我们来看一看纤维肌痛综合征。尽管所有人都确信这种疾病的存在，但没有人知道纤维肌痛综合征是一种生理疾病，还是其他界定不清的疾病的集合，比如慢性疲劳或肠易激综合征，或者是给各种微恙所贴的标签，这些生理上的微恙源自各种心理状态，比如焦虑和抑郁。在诊断中找不到任何明确的可重复的客观发现，比如血液检查、实验室检查、X光扫描或活检中有任何不正常。在1990年，美国风

12 神经科学能解释善恶之源吗

湿病学会（American College of Rheumatology）提出的诊断标准为超过三个月的各处肌肉疼痛，没有其他已知的疾病，18个肌群中至少有11个压痛点。而这些都只不过是病人的主观描述。（我的意思并不是说，纤维肌痛综合征患者没有承受着他们所描述的疼痛和不适。我担心的是，人们普遍认为可以用功能性磁共振成像来区分"心理状态"和疾病引发的疼痛。）

神经科学的"知"与"不知"
A Skeptic's Guide to the Mind

在2002年，乔治敦大学（Georgetown University）的研究者理查德·格雷斯利（Richard Gracely）博士和丹尼尔·克劳（Daniel Clauw）博士对16位患有纤维肌痛综合征的女性，以及16位不感到疼痛的控制组被试进行了研究，用小活塞对拇指指甲的根部施加程度不同的压力，记录被试对感到疼痛的和不感到疼痛的刺激的反应。他们发现相对于患有纤维肌痛综合征的被试，需要对控制组的被试施加两倍的压力，才能引发相同程度的疼痛和大脑激活状态。研究者写道："这些结果使我们相信，某些病理过程造成了这些病人比较敏感。出于我们还不知道的原因，他们的神经系统放大了疼痛信号。"[24]

显然他们对疼痛的感知被放大了，否则对于既定的刺激，所有被试应该感觉到相同的疼痛程度。真正的问题在于疼痛敏感性的差异是否代表可能存在疾病，或者仅仅是知觉和预期的差异。

请仔细想一想大脑激活与痛感之间有怎样的关联，思考一下安慰剂是如何发挥作用的。如果你相信糖丸（安慰剂）是一种非常有效的止痛药，那么它会显著降低你的疼痛水平，比如牙科治疗或关节炎造成的疼痛。相反，如果给你相同的糖丸，但告诉你这是一种未经测试的新药，可能会加剧你的疼痛，那么你会感到更疼（反安慰剂效应）。你对糖丸作用的预期，会影响你对疼痛的知觉以及你的功能性磁共振成像结果。这并不能表明源自你想象中的痛感的改变不是真实的。安慰剂引起的疼痛减轻与止痛药（比如吗啡）引起的疼痛减轻在临床上是一样的，我们从中了解不到疼痛的本质。它当然也不能告诉我们导致疼痛的是"真实的"还是"想象出来的"原因。

现在请思考一下纤维肌痛综合征的核心特点之一，即对普通压力感到敏感的区域增多了。如果你相信（或者医生告诉你）自己患有一种让你对疼痛刺激会变得更敏感的疾病，那么你会比不认为自己对疼痛刺激特别敏感的人，感受到更大程度的疼痛。你所觉察或描述疼痛的差异，以及相伴随的功能性磁共振成像上大脑的改变，只是你自我感知的反映，并不是存在或不存在这种疾病的证据。你的想法会产生像反安慰剂一样的作用。这甚至对你的人格特征，比如乐观或悲观，或者对你对待医疗机构的态度，都会产生重要的影响。

在随后的研究中，研究者发现在右侧丘脑的某个区域，纤维肌痛综合征患者与控制组被试的大脑活动存在差异。差异的大小与纤维肌痛综合征症状的程度有关。差异越大，病人的症状便会越严重。研究者推测，这个发现"可能是神经功能障碍的结果"。

不过这些结果也可能反映了预期。心理特征分析显示，那些相信疼痛是由外部因素（比如之前受过伤或接触过有毒化学物质）引起的纤维肌痛综合征患者，会在脑成像研究中表现出更高程度的激活水平改变。他们的这种想法也与评估问卷中较高的抑郁分数有关。

对这项研究的另一种解释是，对疼痛的预期导致了某个脑区被激活，而并非脑区被激活是导致疼痛的主要原因。更重要的是，脑扫描无法指出

12 神经科学能解释善恶之源吗

这种激活正常或不正常。然而研究者总结道:"纤维肌痛综合征患者的大脑确实出现了一些问题。"根据克劳乌博士的说法:"疼痛始终是一个主观的问题,但纤维肌痛综合征所有可测量的方面都显示,它是真实存在的。"[25]

因为这些研究,辉瑞制药公司便可以和美国食品及药品管理局争辩说,纤维肌痛综合征是一种"真实的"疾病。2007年,食品及药品管理局批准其可以用普瑞巴林(Lyrica)来治疗纤维肌痛综合征。(据估计,自从得到批准后,直到2003年,全球普瑞巴林的销量增加了一倍多,每年销售额超过了30亿美元。)[26] 在此解释一下,普瑞巴林曾在欧洲被批准用于治疗广泛性焦虑障碍,并且事实证明它能够有效地缓解情绪症状,比如抑郁症状和恐慌,还可以有效缓解身体症状,包括头疼和肌肉痛[27]。

意志与意图的本质区别

尽管我想用关于意志的进一步观点来总结本章,但我意识到这是一个傻瓜式的任务。在更宏大的理解中,个人的责任不在于自由意志,而在于意图。他或我是有意识还是无意识地做出了某事?我们如何从责任的角度来分析这种差异?人们所体验的能动感和有意识的选择是否无关紧要?哈佛大学心理学家丹尼尔·韦格纳(Daniel Wegner)对这个问题进行了巧妙的总结:"有意识地想做出某个行为的感觉,并不表明有意识的想法直接造成了行为。"[28] 不要把注意力集中在自由意志上,我们应该将注意力引导到有关意图的观点上。

如果我想写小说,尽了最大努力去想一个好的开头,那么我会体验到努力感和做出选择的感觉。如果我想不出好的引言,暂时把这个项目搁置一边,我也并没有放弃写小说的意图。"搁置"意味着意图被转入潜意识,在潜意识中我会继续构想那个项目。说潜意识在有意尝试解决问题时会引发一个棘手的问题,那就是"无意识的故意"是什么意思。不过我想我们都能明白，从有预期目标和目的的意义来看，这种无意识的反复思考是有意图的。

1983年，加州大学旧金山分校的神经科学家本杰明·里贝特（Benjamin Libet）证明，在被试报告称有活动手指的意图之前，控制手指运动的大脑运动区域中就出现了持续的活动。其他实验也证实了这个发现，这使得研究者相信移动手指的无意识意图，早于任何对意图的有意识感知。对这项研究可能存在一些批评，但它依然是一篇关于意识的本质，以及决策背后的无意识起源的原创性论文[29]。在里贝特实验的升级版本中，神经科学家约翰·海恩斯在有意识地做出移动手指的决定前10秒钟就发现了大脑活动[30]。他的结论是："有意识的心智并不是自由的。我们所认为的'自由意志'其实源于潜意识。"[31] 我更愿意把这类研究看成潜意识意图的证据，而不是自由意志的证据，然而"无意识的自由意志"听起来像矛盾修辞法。

如果争论选择的自由，主要是为了理解并分配个人责任，那么研究意图的本质能更好地满足这个目的。但是正如我们已经看到的，意图是有意识大脑活动与无意识大脑活动，以及过去与现在之间动态的相互作用。它们之间不存在明确的界限。最明显的有意图行为——预谋杀人，也是由无意识冲动和欲望所激发的，不过它在很大程度上也与有意识的长期意图有关。

在这个谱系的另一端是患有自毁容貌综合征的可怜的孩子们，他们咬掉自己的手指是为了满足无意识的冲动，而不是有意识的欲望。这种行为依然是故意的（而不是随机或意外的行为），但那是潜意识层面的故意。另一个例子是妥瑞症患者突然爆发出秽语，但是即使在这种情况下，病人也会表示他们具有暂时抑制秽语爆发的部分能力。

我们对成瘾有什么看法？成瘾当然是多种层面上的生物功能，从药物或酒精的药理学作用到生物因素调节的人格的某些方面，这些方面促进了人们识别问题和解决问题的能力。然而依然有大量神经科学文献支持个人努力有助于战胜成瘾[32]。

> **Mind**
> **局限与突破**
>
> 最后，我们如何认识个人责任，并不主要在于我们是否具有"自由意志"的问题。我们需要的是思考有意识意图和无意识意图的更好方法——这是一个巨大的挑战，因为从概念上讲，无意识意图超出了科学研究的能力。

> 如果其他人留心检视自己,他们便会像我一样,发现自己充满了空虚、浅薄和无意义之举。不消除自己,我便无法消除它们。人与人没有什么差别,但是那些意识到这一点的人会稍微好些。
>
> 米歇尔·蒙田
> Michel de Montaigne
> 《关于空虚》

13

不会讲故事的科学家不是好的神经科学家

我最早在临床上接触神经病学是在约50年前,当时我在观察一位资深的神经科医生为一名45岁的会计做检查。这位病人在接受了心脏直视手术(俗称为开心手术)后,失去了周边视觉,只剩下少量的中央视觉,这就像要透过两个小孔看世界。在神经科医生进入检查室之前,他解释说那位病人从手术中醒来后便出现了严重的妄想症状。他带着苦笑补充道,精神科医生诊断那位病人患有术后精神病。

当神经科医生开始进行视野测试时,那位病人退缩到了房间最远的角落里。他紧贴着检查室的墙站立,伸出手掌保护着自己,一脸惊恐。在神

13 不会讲故事的科学家不是好的神经科学家

经科医生软语温言的哄劝下,他说道:"我对周围环境一无所知,没准有人在身后偷偷地接近我。"

后来神经科医生解释说,那位会计的视觉皮层中有一个血栓,这使他只剩下了范围很小的中央视觉。在给我们讲解了视觉神经学后,他突然改变了态度,变得忧郁起来。他试探性地提出那位病人可能失去了"心灵之眼"。非常有限的视野使他不了解周围环境的情况,由此造成了精神病。

我仍然记得当时我深受震动,神经学提供了非同寻常的机会,你可以运用科学知识来推测心智可能是什么。奥利弗·萨克斯进行的早期临床病例研究会让你感受到,在那个历史时期神经学所具有的神秘感与奇迹感。

从那时起,对视觉皮层解剖结构和生理特征的发现,为大脑如何分层发挥功能提供了模型。对于较高层的视觉障碍背后的机制,比如失去"心灵之眼"或"错把妻子当帽子",我们已经有了更好的了解。总之,神经科学的进步非常惊人,这是创新性思考与合作的结果。对于神经科学从黑暗时代发展到如今的尖端水平,我心中充满了敬畏。

但是前文中那位会计为什么在失去周边视觉后会变得精神失常,这已经超出了科学能够解释的范围。每个人都会透过自己的世界观来进行观察,而世界观是由生物特征与人生经历塑造而成的。尽管这似乎有些令人不安,但神经科学家也无法避免这类偏见。

神经科学家必须承认,将有关心智的科学数据转化为因果关系的解释相当于在讲故事。这并不是像怀疑对谋杀现场的法医调查那样是在怀疑脑科学。但是如果证据都是间接的,比如没有目击证人的罪案或主观的心理状态,那我们必须界定数据截止到哪里,从哪里开始便是讲故事。

神经科学家就像推理小说家。像作家预设下一些线索那样，神经科学家会提供一些数据。数据可能是通过科学方法获得的，但最简单的故事（遭受了突然的打击，会计变得很害怕）是对一系列事件的描述，它取决于各种各样的因素：从神经科学家天生的因果关系感到他自己害怕、恐惧的经历。

心智不同于其他科学领域，研究其他科学领域可以进行不带知觉偏见的准确测量。物理学家测量光速时不用担心他的政治立场、宗教信仰、天生的倾向或烘焙食物的气味会影响他的测量结果。但神经科学不是这样，神经科学家不能对心智进行测量，只能获得科学数据和经过个人知觉过滤的故事。

科学的历史充满了各种反反复复、试错、前进与后退，中间穿插着才华横溢的光辉时刻和过度解释数据的不光彩时期。我担心的是，如今神经科学正处于过度解释数据时期的边缘。如果我们坚持认为通过杏仁核或前扣带回的激活能够评判政治候选人，或者通过功能性磁共振成像能够测量人是否性欲低下，那么我们便可以确信历史不会善待这个时期的神经科学。

把神经科学言论看成存在固有偏见的讲述者所讲述的故事是很重要的，为了认识它的重要性，让我最后呈现一系列曾引发伦理争议的病例研究。这些研究的作者都是同一个人。我想提出的问题是，如果我们对研究作者有更多的了解，那么对这些研究进行评判或许会更容易。

面对认知功能严重受损的病人，比如陷入持续性植物状态的病人，最困难的问题之一是应不应该撤销维持生命的护理系统——所谓的被动安乐死。（当医生谈到对神经系统严重受损的病人进行安乐死时，他们指的是被动形式的安乐死，即撤销营养液和药物，而不是主动形式的安乐死，即病人经过慎重考虑后服下致命的药物。）其中涉及的伦理问题很多，没有显而易见的正确答案。为了做出最好的决定，家人（通常具有截然相反的

13 不会讲故事的科学家不是好的神经科学家

观点）必须依赖最新、最可靠的医学证据，这关系到诊断的准确性、病人康复的可能性和其他新疗法的合理性。理想的情况下，这些信息不该掺杂研究者的偏见。不幸的是，很难想象对于像是否让病人选择死亡这样充满情感的问题，研究者可以不带任何感情。这些偏见（无论是有意识的动机，还是研究者没有觉察的潜意识情感）会影响研究的各个方面，从为什么要进行这项研究、研究的设计，到方法的选择、统计分析，最终到如何解释数据。某个观点的重要性和情感压力越大，最终的解释越有可能反映这些偏见。在阅读下列文章时，想象一下如果我们知道作者的个人背景（包括他的宗教信仰和对安乐死的看法），那么对它们的解释会有怎样的不同。

神经科学的临床应用——闭锁综合征

2009 年有这样一条头条新闻："某人说从'昏迷'中醒来就像重生"。[1]

1983 年，一个年轻人 RH 遭遇了一起车祸，导致他陷入了持续性植物状态。23 年后他被转诊给比利时列日大学（University of Liège）的史蒂文·洛雷（Steven Laureys）博士，他是意识障碍方面的专家。经过功能性磁共振成像检查后，洛雷博士认为 RH 之前的医生弄错了，RH 其实处于最小意识状态。家人聘请语言治疗师帮助 RH 通过触摸屏电脑与外界进行交流。3 年后，美联社报道称 RH 有了意识，运用这种方法，他能够进行充分的交流。根据美联社的报道，那位语言治疗师说她能感觉到"RH 用手指的轻轻压力来引导她的手，当她把 RH 的手移向不正确的字母时，她能

> 感到 RH 的抗拒。"她说在她的帮助下，RH 输入了："我不能回应家人的需要，这真令人沮丧。我无法分担他们的悲伤。我们不能给彼此打气。想象一下，没有人能理解你所听到、看到、感觉到和想到的事情。你经历了一些事情，但无法参与其中。"

宾夕法尼亚大学的生物伦理学教授亚瑟·卡普兰（Arthur Caplan）怀疑这个治疗师对病人手指移动的解释。在他看来，这就像"辅助沟通训练……'显灵板'这类东西一次又一次地被证明是假的。"卡普兰还认为病人的陈述与这种大脑严重损伤和几十年无法交流的状态不相符。

在接受采访时，洛雷博士说他每年会对来自世界各地的大约 50 名这类病人进行评估，并且他正在对其中几十人进行重新检查。关于卡普兰针对 RH 沟通方法的批评，他没有做评论。

后来 RH 的妈妈表示她的儿子正在把自己的经历写成一本书，在此之后洛雷博士实施了简单的测试，评估病人所进行的沟通的有效性。语言治疗师被要求离开房间。洛雷博士给 RH 展示了各种各样的物品，后来让 RH 在中立的观察者的协助下输入物品的名字。尽管进行了反复尝试，但 RH 辨认不出任何物品，也无法进行有意义的沟通。当被问及当初为什么没有对治疗师在 RH 沟通能力中所起的作用表示怀疑时，洛雷回答道："RH 的故事是关于意识诊断的，而不是关于沟通的。从一开始我就没有开语言治疗的处方。但是不妄加评判很重要。他的家人和照顾者是出于爱和同情才这样做的。"[2]

在方法学上，是存在探查最微小运动行为的标准方法的。把电极放置

13 不会讲故事的科学家不是好的神经科学家

在手指的肌肉上,即使小得看不出来的动作也能被电极侦测出来并显示在监控器上。通过相同的方式,闭锁综合征患者(完全有意识,但不能动也不能说话)可以用最简单的动作,比如眨眼,来进行沟通,这就像杂志编辑让-多米尼克·鲍比(Jean-Dominique Bauby)的病例。他的故事会在名为《潜水钟与蝴蝶》(*The Diving Bell and the Butterfly*)的书和电影中不朽。这样 RH 便有可能通过看着监控器来进行直接沟通,不需要引入一个中间人来解释这些交流。

2011 年,对 RH 做出评论的两年后,洛雷在《英国医学杂志》(*British Medical Journal*)上发表了一篇研究论文,对 65 名闭锁综合征患者的生活质量进行了评估。病人通过眨眼睛来回答一系列问题,其中 57 名病人说他们很开心,18 名病人表示他们不开心。洛雷写道,这些发现不仅应该改变人们对待病人的方式,而且应该改变人们对待安乐死的态度。他对病人的康复持有慎重的乐观态度,他认为许多病人能够重新获得对头部、手和脚的控制,或许还能说一点儿话。

他总结道:"我们的研究数据强调,闭锁综合征患者需要额外的缓解治疗,这些治疗努力主要针对可动性和娱乐活动……对于绝望的闭锁综合征患者,我们应该让他们确定地知道,他们重新获得有意义的快乐生活的可能性很大……我们应该充满同情地接纳那些要求安乐死的病人的请求,但数据显示,在病人的情况稳定起来之前,应该对其延缓安乐死。"洛雷和他的同事注意到,病人患上闭锁综合征的时间越长,他们便越有可能感到满足[3]。

人们总会毫无根据地相信更好的康复技术会提供更好的生活品质,因此应该延缓安乐死。这相当于在科学的马匹前设置了一个道德的车斗。时至今日,很少有证据显示,长期康复治疗对严重意识障碍患者或闭锁综合征患者具有显著的益处。同样令人烦恼的是,如何判断病人的情况已经稳定了。洛雷告诉我们，病人等待的时间越长，他们便越有可能满足于自己的状况。很有可能无法康复，是可以考虑放弃治疗的情况之一，但是如果你提出病人的情绪状态可能会随时间的流逝而改善（但并没有充分的证据），那么撤销维持生命的设施便永远都不是一个现实的选择。另外，当病人的护理完全依赖于那些提出问题的人时，你认为病人对自己心理状态的描述有多大的可靠性？想象一个人几乎完全瘫痪了，他要设法诚实地回答那些问题，同时又不冒犯护理者。洛雷建议其他医生要向类似情况的病人保证，他们很有可能拥有快乐而有意义的生活，对此我们应该怎么看？

我们可以从科学角度评判洛雷研究数据的准确性。对于判定他的言论是否正确，科学只能走这么远了。但是他对研究结果的解释不是科学，而是警示性的故事，讲述的是我们在临床上准确判断意识水平的能力，以及我们为什么应该特别慎重地对待这类病人的安乐死。呈现给我们的神经科学信息，常常不会明确地把数据和故事区分开，这便需要我们去画出界线。

让我们返回到 2007 年《神经病理学纪要》（*Archives of Neurology*）上由洛雷博士与他人合著的一篇文章。文章指出，前文曾提到过的那位年轻女病人 X 是有意识的，因为她的功能性磁共振成像显示她能想象打网球和在房子里走动。现在我们知道洛雷博士对闭锁综合征患者的相对快乐持什么态度，也知道了他对安乐死的担忧，那么我们是否应该问一问，他的看法是否影响了他对其他意志障碍患者研究的解释，尤其是当他的结论具有如此深远的意义时？

我们很容易为洛雷对快乐的研究提出其他解释，或者指责他毫不批判地接受了值得怀疑的方法（辅助沟通训练）。但是对单个研究的个人批评并不能突显出更大的问题：我们必须承认科学对另一个人心理状态的认识是

13 不会讲故事的科学家不是好的神经科学家

有限的,并且要明白把个人观点作为科学事实会带来的道德后果。

我必须承认,我针对洛雷和他同事的研究的批评,让我自己也很烦恼,因为它为我们更好地理解意识改变状态中的基本大脑功能,提供了有价值的技术。这些方法非常具有独创性和煽动性,已经引发了其他引人瞩目的研究。但是即使最杰出、最一丝不苟的研究也不应该成为发表道德结论的许可证,即使它们是无懈可击的科学事实。如果把个人对智能、意识或道德的观点作为科学事实提出来,那么这样的科学比反科学者兜售的信条好不到哪儿去。

在阅读任何关于心智的神经科学主张时,请记住:

- 所有关于心智的想法和研究都受到了无意识大脑机制的引导,它们共同形成了一种错觉:以为独特的自我能够对大脑如何产生心智,进行有意的、无偏见的探究。

- 尽管这种理解总是有偏见的,但想真正理解心智可能是什么,非常必要的第一步是,考虑到这些无意识心理状态如何产生了我们对心智的感觉。

- 不承认心智在认识自身时所具有的生物局限性,只会导致神经科学被进一步夸大。

面对难以理解的事情,谦卑才是智慧

如果有人让我把这本书提炼成一句话,那么我会说:所有人,包括神经科学家、认知科学家、心理学家、哲学家和普通读者,都应该意识到驱动所有心智研究的本质矛盾。心智存在于两个不同维度中,一个是人所感受到的体验,另一个是抽象概念。不可避免的结论是,无意识心理感觉的交汇对于我们认识心智是什么,以及心智能做什么发挥着重要的作用。人类目前面临的状况是,不由自主地产生的心智,强烈地感到它能够对自己进行理性的解释。这个矛盾不可避免,更好的科学或新技术也影响不了它。尽管我们能够也应该努力改进我们的思维,但它始终是有局限性的。颇具讽刺意味的是,即使对于心智的本质存在着终极的绝对定论,我们也无法认识它,除非我们的思考方式都一样——而这在生理上是不可能的。

在贾斯汀·克鲁格和戴维·邓宁所做的研究"缺乏技能并且对此浑然不知"实验中(我在第 5 章中详细介绍了这项研究),对于神经科学,他们提出了我所见过的最好的结论。我把它作为优秀的心智科学是怎样解释自身的典范。

"尽管我们觉得自己已经尽力为这个分析提供了充分的理由,对它进行了实验研究并得出了相关的推论,但对于这篇论文我们依然无法抑制地感到了萦绕不去的担忧,担心其中可能包含错误的逻辑、方法上的谬误或糟糕的表达。让我们向读者保证,在某种程度上这篇论文是不完美的,但那不是我们有心犯下的错。"[4]

这篇文章的总结很坦诚,作者承认了其固有的局限性,而且承认这并非最终结论。文章充满了风度、机智和幽默。从结论的特点来判断,作者是诚信的,跟读者说的是实话。

对于科学家来说,这份总结给我们提供了榜样。我们中的任何人,无论是最聪明的或最渊博的神经科学家、哲学家,还是人类观察者,都无法提出最终定论。我们每个人都是在编织故事,而并非揭示绝对真理。心智将始终是一个谜。对神经科学家来说,谦卑地承认局限性是研究心智的第一步。如果这意味着为了思考自我如何在潜意识中影响了结论,神经科学家必须走出他们所受的教育和个人信念的圈子,那就请这样做吧。继续坚持站不住脚的主张,以为理解心智只需要不可否认的数据,就等于无视我

13 不会讲故事的科学家不是好的神经科学家

们所知的有关大脑工作原理的知识。

普通读者的任务稍微有些不同。很少有人具备充分的科学背景，可以对神经科学的原始数据做出确切的评估。但是我们都知道好故事是什么样的，糟糕的故事又是什么样的。对于虚构的作品，我们常常会思考作者与故事的关系。我们查看勒口上的作者简介，审视作者的照片。我们还会去他的网站了解一些传记性质的信息，对他们过去作品的描述，或者关于他为什么写这本书的陈述。我们理所当然地认为对作者的了解会增进我们对他所写故事的理解与领悟。

读者对神经科学家应该采取与对作家相同的方法。而神经科学家应该满足读者的要求。我们需要神经科学家提供的是，他们是怎样以及为什么选择了特定的主题、方法和解释。我们需要了解每个研究者的工作动力。尽管科学家公开进行自我表露有违一个传统但并无根据的假定，即科学是完全客观的，应该不带有个人立场，但如果每项研究包含一些研究者对驱使他们进行研究的动机和目的的剖析，那么我们对神经科学的理解一定会非常不同。无论自我认知是多么错误或不完全，对研究者潜在动机和欲望的些许了解都是无价的。这些额外的信息至少使我们可以判断研究者陈述的推论前提的真实性和一致性，探查其隐藏的目的，思考研究者的"自我意识"水平，并且对研究者的性格有些了解[5]。

神经科学家正很快成为讲述现代心智故事的杰出作者。他们拥有讲述知识性强且引人入胜的重要故事的工具、语言和经验。反过来，我们应该以与评判其他艺术形式相同的方式来评判他们的研究。我们应该评价其语言的准确性、结构的严谨性、观点的清晰与原创性，其研究是否精巧与优美，是否有伦理问题的制约以及他们愿意考虑其他观点和解释的意愿，并且将他们的研究置于历史、文化与个人背景中。正如优秀的小说家会承认他对人物的描绘无论多杰出，都必定不是描绘人物的唯一方式。神经科学家一定要把他们的结论看成对心智众多解释中的一种。毕竟，所有有关心智的结论都是个人的观点，并非不能反驳、不可改变的科学思维。

> **Mind**
> **局限与突破**
>
> 伟大的艺术作品总会反映尊严与奇迹，它也是对局限性的探查与承认。神经科学的信条应该是严格坚持科学方法，并且承认对心智的研究是一种基于数据的艺术形式，而不是基础科学的另一个分支。在思考伟大的奥秘时，对未知充满谦卑和敬意应该是我们默认的心态，没有什么比心智思忖它自己更神秘的事情了。

A Skeptic's
Guide to the
Mind 致谢

对作者本人来说，感谢那些激发出我的某个观点的人并非易事。这本书是长期思考的结果，而不是细致的科学研究，因此它没有独立的起点，也没有特定的里程碑，甚至连明确的路线都没有。尽管我的许多灵感来源随着时间和记忆的磨损已经变得模糊了，但保留下来的是它们共同形成的潜意识印象，以及对我所从事的神经学给予我的巨大特权和奇妙经历的感激之情。我对心智的思考受到了住院医生、同事、学生、导师和神经学领域的一些大腕的影响。但最重要的是，他们的见解根植于对病人的观察以及与病人的交谈。感谢那些患有神经疾病的人听起来有些残忍，但如果没有这些勇敢的、观察敏锐的病人（他们常常要忍受刺激性的问题和检查），便不会有关于心智的神经科学。

这本书是从我的第一本书《人类思维中最致命的错误》派生出来的。我特别感谢我的代理人安德鲁·斯图尔特（Andrew Stuart），感谢他的指引、敏锐的眼光和个人风格。再次感谢我的编辑妮科尔·阿盖尔斯（Nichole Argyres），她不断给予我充满热情的支持，对我最初的手稿进行了很有见地的改进。感谢她的助理劳拉·蔡森（Laura Chasen），她们构成了无法被超越的编辑梦之队。幸运的是，我的朋友依然是我的朋友。尤其要感谢那些忍受我喜欢跑题（如果不是彻底的晦涩含糊的话）这个毛病的朋友们。我最要感谢的朋友是凯文·伯杰（Kevin Berger）、约翰·坎贝尔（John Campbell）、戴维·迪萨沃（David DiSalvo）、戴维·多布斯（David Dobbs）、乔纳森·基茨（Jonathon Keats）、芭芭拉·奥克利（Barbara Oakley）、彼得·罗宾斯（Peter Robinson）、戴维·鲁宾（David Rubin）和理查德·西格尔（Richard Segal）。旧金山哲学俱乐部（San Francisco Philosophy Club）的会员们为我提供了庇护所与动力。未来研究所（The Institute for the Future）发挥着类似共鸣板的作用。锡安山加州大学旧金山分校图书馆的图书管理员——盖尔·索拉夫（Gail Sorrough）、格洛丽亚·瓦恩（Gloria Won）和约翰·菲利普斯（John Phillips），他们为我提供了宝贵的帮助。我还要感谢《人类思维中最致命的错误》的许多读者，他们给我发来了富于挑战性且令人振奋的评论，其中许多评论促成了本书的一些内容。

一如既往，我要向我的家人致以最诚挚的谢意。我的父母一直是很现实的人，但他们鼓励我（或者至少是容忍我）进行一点不实际的沉思冥想。我的妻子阿德里安娜给予了我鼓励。感谢她为这本书提供的无穷智慧和冷静批评。如果你不赞成书中的某些观点，应该责怪我没有听她的。

A Skeptic's
Guide to the
Mind 译者后记

我与这本书的作者罗伯特·伯顿也算颇有缘分。他的第一本书《人类思维中最致命的错误》是我编辑的,而他写的第二本书便是这本《神经科学讲什么》。当然这种缘分要感谢出版社的精心安排。

与他初次相遇时便喜欢上了他的文字。罗伯特·伯顿是一位正宗的神经学家,同时对哲学具有浓厚的兴趣,因此他的文字中包含着一些哲学思辨,将神经科学与哲学无缝地结合在一起。阅读他的文字绝不轻松,乐趣和痛苦都在于太费脑子。他的写作逻辑性非常强,令人佩服得五体投地。他的逻辑常常是层层叠套,这不禁让我想到了电影《盗梦空间》中一个梦境套一个梦境的情节,也让我想起了学过的浅薄得可怜的计算机编程。就好像一个"if……then"语句中套着若干个"if……then"语句,当然俄罗斯的套娃是更简单的类比。所以,有时候翻译着翻译着我就迷惑了:"啊,作者最初要证明的观点是什么?"所幸的是,作者不会凌乱。

罗伯特·伯顿通过这本书给烧得过热的神经科学泼了一盆冷水。近年来普通大众对神经科学变得越来越热衷,这种热衷带有不理性的成分。在这本书中,作者利用临床观察、假想实验、趣闻逸事和前沿的神经科学知识戳破了一个个神经科学的神话。一些临床病例、假想实验和逸事非常引人入胜。通过这本书我们能够认识到神经科学的诸多局限性。正如罗伯特·伯顿所写的:"神经科学家就像推理小说家,科学数据是真实客观的,但神经科学家由此得出的因果关系无异于讲故事。我们必须界定数据截止到哪里,故事便从哪里开始。"

最后,我想说翻译真心是件辛苦的差事,尤其是翻译这种烧脑的作品。我希望我的辛苦没有白费,各位看官能够体会到这本书的好。一个篱笆三个桩,一个好汉三个帮,谢谢冯征、张璐、赵丹、徐晓娜、卫学智、张宝君、郑悠然和王彩霞的帮助与支持。

湛庐，与思想有关……

如何阅读商业图书

商业图书与其他类型的图书，由于阅读目的和方式的不同，因此有其特定的阅读原则和阅读方法，先从一本书开始尝试，再熟练应用。

阅读原则1 二八原则

对商业图书来说，80% 的精华价值可能仅占 20% 的页码。要根据自己的阅读能力，进行阅读时间的分配。

阅读原则2 集中优势精力原则

在一个特定的时间段内，集中突破 20% 的精华内容。也可以在一个时间段内，集中攻克一个主题的阅读。

阅读原则3 递进原则

高效率的阅读并不一定要按照页码顺序展开，可以挑选自己感兴趣的部分阅读，再从兴趣点扩展到其他部分。阅读商业图书切忌贪多，从一个小主题开始，先培养自己的阅读能力，了解文字风格、观点阐述以及案例描述的方法，目的在于对方法的掌握，这才是最重要的。

阅读原则4 好为人师原则

在朋友圈中主导、控制话题，引导话题向自己设计的方向去发展，可以让读书收获更加扎实、实用、有效。

阅读方法与阅读习惯的养成

（1）回想。阅读商业图书常常不会一口气读完，第二次拿起书时，至少用 15 分钟回想上次阅读的内容，不要翻看，实在想不起来再翻看。严格训练自己，一定要回想，坚持 50 次，会逐渐养成习惯。

（2）做笔记。不要试图让笔记具有很强的逻辑性和系统性，不需要有深刻的见解和思想，只要是文字，就是对大脑的锻炼。在空白处多写多画，随笔、符号、涂色、书签、便签、折页，甚至拆书都可以。

（3）读后感和 PPT。坚持写读后感可以大幅度提高阅读能力，做 PPT 可以提高逻辑分析能力。从写读后感开始，写上 5 篇以后，再尝试做 PPT。连续做上 5 个 PPT，再重复写三次读后感。如此坚持，阅读能力将会大幅度提高。

（4）思想的超越。要养成上述阅读习惯，通常需要 6 个月的严格训练，至少完成 4 本书的阅读。你会慢慢发现，自己的思想开始跳脱出来，开始有了超越作者的感觉。比拟作者、超越作者、试图凌驾于作者之上思考问题，是阅读能力提高的必然结果。

扫码关注湛庐文化，
回复"阅读"
这5种方法，让读过的书变成你的影子

[特别感谢：营销及销售行为专家 孙路弘 智慧支持！]

◆ 我们出版的所有图书，封底和前勒口都有"湛庐文化"的标志

并归于两个品牌

◆ 找"小红帽"

为了便于读者在浩如烟海的书架陈列中清楚地找到湛庐，我们在每本图书的封面左上角，以及书脊上部47mm处，以红色作为标记——称之为"**小红帽**"。同时，封面左上角标记"**湛庐文化Slogan**"，书脊上标记"**湛庐文化Logo**"，且下方标注图书所属品牌。

湛庐文化主力打造两个品牌：**财富汇**，致力于为商界人士提供国内外优秀的经济管理类图书；**心视界**，旨在通过心理学大师、心灵导师的专业指导为读者提供改善生活和心境的通路。

◆ 阅读的最大成本

读者在选购图书的时候，往往把成本支出的焦点放在书价上，其实不然。

时间才是读者付出的最大阅读成本。

阅读的时间成本=选择花费的时间+阅读花费的时间+误读浪费的时间

湛庐希望成为一个"与思想有关"的组织，成为中国与世界思想交汇的聚集地。通过我们的工作和努力，潜移默化地改变中国人、商业组织的思维方式，与世界先进的理念接轨，帮助国内的企业和经理人，融入世界，这是我们的使命和价值。

我们知道，这项工作就像跑马拉松，是极其漫长和艰苦的。但是我们有决心和毅力去不断推动，在朝着我们目标前进的道路上，所有人都是同行者和推动者。希望更多的专家、学者、读者一起来加入我们的队伍，在当下改变未来。

湛庐文化获奖书目

《大数据时代》
国家图书馆"第九届文津奖"十本获奖图书之一
CCTV"2013中国好书"25本获奖图书之一
《光明日报》2013年度《光明书榜》入选图书
《第一财经日报》2013年第一财经金融价值榜"推荐财经图书奖"
2013年度和讯华文财经图书大奖
2013亚马逊年度图书排行榜经济管理类图书榜首
《中国企业家》年度好书经管类TOP10
《创业家》"5年来最值得创业者读的10本书"
《商学院》"2013经理人阅读趣味年报•科技和社会发展趋势类最受关注图书"
《中国新闻出版报》2013年度好书20本之一
2013百道网•中国好书榜•财经类TOP100榜首
2013蓝狮子•腾讯文学十大最佳商业图书和最受欢迎的数字阅读出版物
2013京东经管图书年度畅销榜上榜图书,综合排名第一,经济类榜榜首

《牛奶可乐经济学》
国家图书馆"第四届文津奖"十本获奖图书之一
搜狐、《第一财经日报》2008年十本最佳商业图书

《影响力》(经典版)
《商学院》"2013经理人阅读趣味年报•心理学和行为科学类最受关注图书"
2013亚马逊年度图书分类榜心理励志图书第八名
《财富》鼎力推荐的75本商业必读书之一

《人人时代》(原名《未来是湿的》)
CCTV《子午书简》•《中国图书商报》2009年度最值得一读的30本好书之"年度最佳财经图书"
《第一财经周刊》、蓝狮子读书会•新浪网2009年度十佳商业图书TOP5

《认知盈余》
《商学院》"2013经理人阅读趣味年报•科技和社会发展趋势类最受关注图书"
2011年度和讯华文财经图书大奖

《大而不倒》
《金融时报》•高盛2010年度最佳商业图书入选作品
美国《外交政策》杂志评选的全球思想家正在阅读的20本书之一
蓝狮子•新浪2010年度十大最佳商业图书,《智囊悦读》2010年度十大最具价值经管图书

《第一大亨》
普利策传记奖,美国国家图书奖
2013中国好书榜•财经类TOP100

《真实的幸福》
《第一财经周刊》2014年度商业图书TOP10
《职场》2010年度最具阅读价值的10本职场书籍

《星际穿越》
国家图书馆"第十一届文津奖"十本奖获奖图书之一
2015年全国优秀科普作品三等奖
《环球科学》2015最美科学阅读TOP10

《翻转课堂的可汗学院》
《中国教师报》2014年度"影响教师的100本书"TOP10
《第一财经周刊》2014年度商业图书TOP10

湛庐文化获奖书目

《爱哭鬼小隼》
  国家图书馆"第九届文津奖"十本获奖图书之一
  《新京报》2013年度童书
  《中国教育报》2013年度教师推荐的10大童书
  新阅读研究所"2013年度最佳童书"

《群体性孤独》
  国家图书馆"第十届文津奖"十本获奖图书之一
  2014"腾讯网·咪书局"TMT十大最佳图书

《用心教养》
  国家新闻出版广电总局2014年度"大众喜爱的50种图书"生活与科普类TOP6

《正能量》
  《新智囊》2012年经管类十大图书,京东2012好书榜年度新书

《正义之心》
  《第一财经周刊》2014年度商业图书TOP10

《神话的力量》
  《心理月刊》2011年度最佳图书奖

《当音乐停止之后》
  《中欧商业评论》2014年度经管好书榜·经济金融类

《富足》
  《哈佛商业评论》2015年最值得读的八本好书
  2014"腾讯网·咪书局"TMT十大最佳图书

《稀缺》
  《第一财经周刊》2014年度商业图书TOP10
  《中欧商业评论》2014年度经管好书榜·企业管理类

《大爆炸式创新》
  《中欧商业评论》2014年度经管好书榜·企业管理类

《技术的本质》
  2014"腾讯网·咪书局"TMT十大最佳图书

《社交网络改变世界》
  新华网、中国出版传媒2013年度中国影响力图书

《孵化Twitter》
  2013年11月亚马逊(美国)月度最佳图书
  《第一财经周刊》2014年度商业图书TOP10

《谁是谷歌想要的人才?》
  《出版商务周报》2013年度风云图书·励志类上榜书籍

《卡普新生儿安抚法》《最快乐的宝宝1·0~1岁》
  2013新浪"养育有道"年度论坛养育类图书推荐奖

延伸阅读

《慢决策》

◎ 不停忙碌的你总想尽快做出选择,但很可能你做的每个决定都不是最好的。唯快不破的今天,你更该学会慢决策。华尔街金融畅销书《泥鸽靶》《火柴大王》作者帕特诺伊最新作品,颠覆你的常识,重新定义拖延。

◎ "慢决策"才能够领导"快时代"!经过几十年的研究与实验,探究不同领域里上百位专家,得出重要结论:等待越久,决定越好。向金融大鳄、世界冠军、商业精英、政要领袖学习等待的艺术。

《人类的荣耀》

◎ "认知神经科学之父"三部曲之一,《最强大脑》总决赛国际评委迈克尔·加扎尼加科普经典。

◎ 一幅人类研究的完整拼图,彻底了解生而为人所代表的科学内涵。史蒂芬·平克评价说:"在这里,你可以找到一切有关'什么是人类'的顶尖科学发现。"

《神秘的镜像神经元》

◎ 《科学家》杂志推荐书目,著名认知心理学家史蒂芬·平克、盖瑞·马库斯联袂推荐。首次全面、深入地揭秘现代心理学与神经科学中最具深远影响的发现。

◎ "DNA决定我们是不是人,镜像神经元决定我们能否塑造文明。"全方位解读镜像神经元理论,在大脑深处探寻语言、模仿、学习、沟通、共情、自闭症的源头。

《社交天性》

◎ 让《影响力》作者西奥迪尼都赞叹不已的新兴学科开拓者,马修·利伯曼倾力之作!首次揭露大脑天生爱社交的神经奥秘。

◎ 为什么有的人天生善于社交,而有的人总是充满障碍?全书论述峰回路转、曲径通幽之美堪比丹·布朗的小说!从此改变你看待世界与他人的方式!

A SKEPTIC'S GUIDE TO THE MIND.

Copyright © 2013 by Robert A. Burton, M.D.

Published by agreement with The Stuart Agency through The Grayhawk Agency

All rights reserved.

本书中文简体字版由 Stuart Agency 授权在中华人民共和国境内独家出版发行。未经出版者书面许可，不得以任何方式抄袭、复制或节录本书中的任何部分。

版权所有，侵权必究。

图书在版编目（CIP）数据

神经科学讲什么：我们究竟该如何理解心智、意识和语言 /（美）伯顿著；黄珏苹，郑悠然译 . —杭州：浙江人民出版社，2017.3
ISBN 978-7-213-07879-8

Ⅰ.①神… Ⅱ.①伯… ②黄… ③郑… Ⅲ.①神经科学–研究 Ⅳ.①Q189

中国版本图书馆 CIP 数据核字（2017）第 009449 号

上架指导：心理学 / 神经科学

浙江省版权局
著作权合同登记章
图字：11-2016-444 号

版权所有，侵权必究
本书法律顾问　北京市盈科律师事务所　崔爽律师
　　　　　　　　　　　　　　　　　　张雅琴律师

神经科学讲什么：我们究竟该如何理解心智、意识和语言

［美］罗伯特·伯顿　著
黄珏苹　郑悠然　译

出版发行：浙江人民出版社（杭州体育场路 347 号　邮编　310006）
　　　　　市场部电话：（0571）85061682　85176516
集团网址：浙江出版联合集团　http://www.zjcb.com
责任编辑：蔡玲平
责任校对：朱　妍　张志疆
印　　刷：北京鹏润伟业印刷有限公司
开　　本：720 毫米 ×965 毫米 1/16　　印　张：14.5
字　　数：186 千字　　　　　　　　　　插　页：1
版　　次：2017 年 3 月第 1 版　　　　　　印　次：2017 年 3 月第 1 次印刷
书　　号：ISBN 978-7-213-07879-8
定　　价：49.90 元

如发现印装质量问题，影响阅读，请与市场部联系调换。